无人机运行监管技术
发展与应用

UAS Operational Regulation Technology
Development and Applications

廖小罕　许　浩　主编

U0200596

科学出版社

北　京

内 容 简 介

　　本书主要从地理信息科学与技术体系角度，面向低空无人机运行和应用的管理技术进行研讨，其结论与相关论述对于高空、长航时多类别无人航空器的监管也有借鉴作用。全书分为 6 章：第 1 章从交通工具的发展和监管历史推导到当代无人机的兴起和监管；第 2～6 章主要介绍国家无人机监管法律法规的有关背景和管理策略，分析目前支撑无人机运行的时空基准和导航定位等基础性技术，介绍当前已经批准投入使用的监管技术和未来具有发展潜力的新技术，总结无人机典型应用场景和保障技术及有关技术规范，并展望若干未来发展前沿技术。

　　本书适合无人机、地理信息系统、遥感观测、航空、交通等相关专业人员查阅和使用，也可以为无人机管理决策部门提供关键技术选择作支撑。

审图号：GS (2020) 2244号

图书在版编目 (CIP) 数据

无人机运行监管技术发展与应用/廖小罕，许浩主编. —北京：科学出版社，2020.6

ISBN 978-7-03-065372-7

Ⅰ．①无… Ⅱ．①廖… ②许… Ⅲ．①无人驾驶飞机–飞行管理–研究–中国 Ⅳ．①V279 ②V323.9

中国版本图书馆 CIP 数据核字(2020)第 093470 号

责任编辑：石　珺　朱　丽 / 责任校对：何艳萍
责任印制：徐晓晨 / 封面设计：图阅盛世

科 学 出 版 社 出版
北京东黄城根北街 16 号
邮政编码：100717
http://www.sciencep.com

北京市金木堂数码科技有限公司印刷
科学出版社发行　　各地新华书店经销
*

2020 年 6 月第 一 版　　开本：720×1000　1/16
2025 年 4 月第三次印刷　　印张：12 1/4
字数：246 000
定价：128.00 元
(如有印装质量问题，我社负责调换)

编 写 组

顾　问　　　　徐冠华

主　编　　　　廖小军　许　浩

副主编　　　　杨　非　谭　翔　马　廷　王黎明　徐晨晨

编写组成员　　柏艺琴　缑吉平　管祥民　廖小军

　　　　　　　刘见礼　卢海英　陆　锋　鹿　明

　　　　　　　罗　斌　吕人力　马　廷　齐贤德

　　　　　　　苏　郁　谭　翔　谭均铭　王　剑

　　　　　　　王黎明　文小航　徐晨晨　许　浩

　　　　　　　杨　非　叶虎平　伊　群　于艳梅

　　　　　　　岳焕印　翟卫欣　张建平　赵晋玉

　　　　　　　钟若嵋　朱伯宇　朱　骅

序

很高兴收到《无人机运行监管技术发展与应用》书稿，并荣幸受邀为该书写序。

首先，谈谈我了解的该书编写团队。这是一个由中国科学院、民航系统、空军研究院、大学、无人机制造和遥感应用企业的科研骨干、业务管理骨干和生产第一线人员组成的一个创新性编写团队。其中该书主要作者廖小罕与我共事多年，他有英美留学和工作的经历与遥感应用科技领域的业务能力，先后担任过高新技术司、基础研究司副司长和国家遥感中心主任，长期参与负责高新技术领域科技创新工作和部署国家层面的无人机应用和国家空管系统有关的科技项目，也参与科技部对接国家空管委、中国民航局和空军等部门的科技联络工作。廖小罕同志给我的印象还有他本人对无人航空系统发展的钟情，包括一直是一名痴迷的航空模型爱好者。他调到中国科学院工作后，积极整合中国科学院多个研究所的无人机应用力量，在院里支持下成立了中国科学院无人机应用与管控研究中心。他牵头承担的科技部重点研发项目"高频迅捷无人航空器遥感组网观测技术"更是将全国重要的无人航空器研究、遥感应用和管控技术力量组织起来。在推进无人机管控科技工作方面，积极推动中国科学院与中国民航局的科技合作。该书的写作团队就是近十年来与他一起参与科技部、中国科学院及中国民航局等单位组织的重大科研项目和科技合作中逐渐形成的团队，他们把长期的工作积累和辛勤付出无私地用书稿的方式呈现给大家，令人欣慰。

其次，谈谈我对高新技术、无人机发展和地理科学发展的认识。我的工作让我有机会见证和参与推动我国高新技术与产业化的发展。无人机是高新技术领域技术含金量高、多学科融合度密集、技术更新换代迅速和应用普及度高的典型代表。在科技部工作期间，初期我主管高新技术领域的发展，后来抓全面工作我也始终关注和支持高新技术与产业化的工作。我很高兴当代无人机作为高新技术交叉领域的诞生，特别自豪中国在轻小型无人机生产数量上面跃居世界第一。当然我们不能仅仅满足于无人机数量的第一，数量众多的无人机还需要与之相适应的安全高效的运行环境，这是各国政府、无人机用户和公众共同关心的问题，尤其是中国，在为世界提供了最多的轻小型无人机的同时，参与积极提供相适应的运行环境解决方案选项也是发展的必然。我曾长期在地理信息和遥感领域从事研究工作，经历了信息技术支撑地理科学大发展的重要阶段，我很高兴当代无人机的兴起和普遍应用助推了地理科学进一步发展。我也注意到，书中提及的低空公共航路规划构建这一中国科技界提出的积极管控和有序促进发展的方法，无疑对无人机的安全高效运行环境提供了选项。我很高兴长期受益于高新技术发展的地理科学现在有机会反过来对高新技术产物无人机运行发展环境规划构建发挥重要的贡献。

再次，谈谈对这该书内容的几点感受。感受之一是该书的选题十分重大而迫切。我国已经是一个无人机制造业大国，无人机制造水平和无人机生产数量在全球已处于重要地位。该书的焦点并不是无人机制造技术本身，而是越来越多的无人机被广泛应用后，如何对其运行进行科学而高效地监管。科学与高效的无人机运行监管，既关系到人民生命和财产的安全，又关系到空域资源合理利用。不能一放就乱，一抓就死，要建立科学的无人机运行监管技术体系。感受之二是书稿内容丰富、体系完整。既涉及宏观层面的运行分类与管理策略，又涉及具体技术层面的基础性技术、应用性技术和应用场景的管理技术，对未来发展的几个方面的问题也进行了展望。感受之三是密切结合实际。书稿定稿期间，正值新冠肺炎疫情在全球蔓延，编写团队立即将无人机在公共卫生应急事件中的应用也纳入其中。

最后，我期待该书的出版和有关观点及信息的交流传播，将为我国无人机运行监管和无人机应用技术发展提供有益的参考，特别是在低空的全面应用提供科技上的积极支持。是为序。

徐冠华

中国科学院院士

原科学技术部部长

2020 年 4 月

前　　言

本书从地理信息、遥感、航空、通信等多学科，以及无人机最新监管政策和行业应用等角度阐述无人机运行监管技术的发展与应用。本书编写人员来自中国科学院地理科学与资源研究所、中国科学院无人机应用与管控研究中心、中国电子技术标准化研究院、北京大学、空军研究院、中国移动（成都）产业研究院、成都信息工程大学等研究院所和高校，民航局机关、民航科学研究院、民航第二研究所、民航管理干部学院、民航信息中心等民航系统单位，以及天津中科无人机应用研究院、飞马机器人公司等多家单位。编写组结合有关在研科研项目成果，广泛调查国内外资料文献和跟踪最新政策，既有分工、也有融合，共同编写完成。参与编写的作者主要从事地理信息、遥感、大气、航空、空管和通信等专业方向研究，具备多学科专业研究背景知识和丰富的无人机应用实践经验，并在当前无人机产业发展特点前提下，从不同的学科角度对无人机监管技术发展和应用提出独到见解，形成全书。

全书编写历时两年，由廖小罕、许浩、马廷和徐晨晨统稿完成，杨非、马廷、王黎明、谭翔负责第2～5章内容审核和质量把控。主编和副主编在成书过程中倾注大量精力和时间，经过多轮商议和讨论，严格审核书稿内容，跟踪最新无人机监管技术、政策和应用动态，把控文字和图片质量，对书稿贡献突出。

此外，各章节作者均结合无人机发展和监管政策，在本专业基础上深化研究无人机监管关键技术。第1章由廖小罕统稿，从交通发展历史论述当代无人机的兴起和监管、本书主要内容和成书思路。第2章由杨非统稿，主要论述无人机的运行分类和管理策略。包括国内外的无人机监管法律法规体系现状与发展总述（管祥民），无人机与融合空域管理体系建设发展（伊群），低空开放与无人机有序监管联系及其进程（徐晨晨），无人机识别的国内外工作，尤其是"一机一码"系统的最新进展（卢海英），国内无人机统一登记注册系统特点和运行现状的详细介绍（卢海英和赵晋玉）等。第3章由马廷统稿，主要介绍无人机监管的基础性保障技术。包括面向无人机监管运行的时空基准统一技术（罗斌）、高效组织和存储无人机信息的格网剖分技术和系统（翟卫欣）、支撑监管的无人机精准位置服务技术（陆锋）、为低空飞行提供基础地面环境信息保障和飞行支撑的低空航图构建技术，以及低空空域的精细划分技术（徐晨晨）和无人机多模式通信技术（猴吉平）等。第 4 章由王黎明和杨非统稿，主要介绍无人机监管技术，包括云端监管（王黎明）和临场监管（王剑），以及民航局规定或正在推动的地理围栏技术和标准（柏艺琴和王黎明）、无人机云系统（王黎明）和无人机交通管理技术和系统（管祥民和朱伯宇）等。第 5 章由谭翔统稿，介绍无人机的典型应用场景与保障技术。包括对地观测与遥感技术应用（朱骅、齐贤德、谭均铭和钟若嵋）、无人机安全飞行气象保障服务技术（文小航）和无人机（遥感）综合验证场规划建设和标准规范（谭翔和卢海英）等。第 6 章由廖小罕统稿，介绍了无人机监管的发展前沿技术。包括空域融合发展进程与技术（吕人力）、面向应用的无人机空港规划布局技术（鹿明）、低空公共航路规划构建技术（徐晨晨）、面向无人机运行监管的 5G 通信技术（苏郁）、无人机云端管控系统关键技术（王黎明和谭均铭），提出无人机交通管理系统发展方向（张建平和王黎明）及智能组网技术未来发展趋势和重大突破（王剑和徐晨晨）等。此外，岳焕印、叶虎平、刘见礼和于艳梅等也对编写工作做出贡献。

本书编写过程中得到有关方面领导和同仁的关心和支持，在此深表谢意。徐冠华院士亲自为本书写序，在此对徐冠华院士的关心和支持致以崇高的敬意。

本书得到国家重点研发计划"高频次迅捷无人航空器区域组网遥感观测技术"（2017YFB0503005）项目、国家自然科学基金"地理环境约束下无人机低空公共航路网构建方法与关键技术"（41971359）、"全国轻小型无人机遥感观测组网方法研究"（41771388）项目支持，在此致谢！

本书编写借鉴引用部分文献插图，在此对相关出版机构和作者表示感谢，如涉及版权等问题，请与作者联系。

无人机监管运行技术日新月异，各国出台政策也在不断更新，无人机行业发展很快，应用日益广泛，因此本书难免存在遗漏或不足，特请读者批评指正。

廖小罕　许　浩

2020 年 4 月

目　　录

地面交通工具的使用，会带来道路安全和高效利用问题，由此地面交通管理诞生。飞机的出现，存在空域的安全和高效利用问题，由此空中交通管理建立。无论地上、水上还是空中的交通工具，其发展最终都走向纵横交错的路网。这一次，迎面飞来的是当代高技术条件支撑下的无人机[①]（Unmanned Aerial System，UAS）。无人机监管何去何从？借鉴历史可以启发我们规划未来，依靠科学可以让我们站在高的安全和效率起点上。

1.1　交通工具的发展和监管：历史的启示

人类在漫长的征服自然、改造自然的过程中，借助工具、手段和方法，一路走来，走到今天。万物生灵，各有所长，人类依靠智慧，擅长使用工具，不断开拓生存的空间。几千年的人类发展历史，就是开拓、发展的历史。创造工具、使用工具、管理工具是科技和社会发展的重要内容。

人类不能像鸟类一样飞翔，只能在地上行走。船舶和地面交通工具的诞生，特别是机动车的出现，极大地缩短了旅途时间，拓展了活动空间，让大规模物品移动成为可能。现在，地面交通工具已经成为人类活动的必需品。与之相匹配的是，我们今天看见的地球表面，已经从过去依靠河流自然形成的水路，发展到多类别、纵横交错、遍布全球的公路网、铁路网。

人类的梦想不止于此。在天空飞翔，从来都是人类的期盼

---

① 无人机发展至今，英文名称众多，如 UAS、UAV、drone、RPAS 等，本书统一采用 UAS。

与向往。人类没有进化出可以飞翔的翅膀，但人类有足够智慧的大脑，给人类增添翅膀，在蓝天翱翔。早在文艺复兴时代，达·芬奇就已经做了探索和试验，之后出现了载人飞行气球。20世纪初，以美国的莱特兄弟为代表，成功开展了一系列飞行试验，动力驱动的飞机正式走进了人类生活。自从飞机诞生以来，出现了各种形态和类别的飞机，型号层出不穷，技术你争我赶，应用百花争艳。今天，我们的生活已经离不开飞机。借助飞机，人类已经给自己插上了飞行的翅膀，从约束在地面活动进入了地表与大气层的三维空间活动时代。

由于工业化发展的阶段性和技术局限，早期飞行器制造成本高昂，只能局限在国防、航空运输业等有限领域，也只能为政府、商业公司及少部分富裕阶层拥有和使用。飞机诞生以后，相当长一段时间，除了我们熟悉的第二次世界大战空战等特定场景，空中交通一直没有地面交通那么拥挤。飞行天空视野开阔，同时地面缺乏完善的航空导航通信体系，因此飞行员有很高的操控自由度。第二次世界大战结束后，欧美民用航空逐渐兴旺，民航航班数量迅速增多。由于导航通信等空中交通支撑条件的不足，空中相撞安全隐患增加。1956年6月30日，美国西部大峡谷上空美国联合航空公司和环球航空公司的民航客机相撞，两架飞机乘客和机组人员全部遇难，给全世界航空安全撞响了警钟。在这之后，世界范围内完善的民用航空交通管理建设工作真正开始启动，民航飞机进入了规范运行有序管理的新阶段。

历史在发展，历史也在重复。地面交通工具的使用，带来道路安全和高效利用问题，地面交通管理诞生。飞机的出现，导致空域的安全和高效利用问题，空中交通管理建立。无论地上、水上还是空中的交通工具，其发展最终都走向纵横交错的航路网。这一次，迎面飞来的是当代高技术条件支撑下的无人机。无人机监管何去何从？

1.2 当代无人机的兴起和监管

当代科技大发展浪潮汹涌。作为科技大潮浪尖上的无人机，在自然灾害应急监测、生态环境遥感、农林植保、电力与管网巡查、国土资源规划、国防与国家安全应用等方面发挥重要的作用。可以说，无人机应用是当前也是看得见的后信息化时代最活跃的应用创新领域之一（樊邦奎，2017）。

当代无人航空器应用的兴起，与载人航空器的发展存在诸多的不同，主要区别包括：

1）工业发展阶段和高技术成果积累不同。当代制造业链条以扁平化方式发展，主要通过采购工业化生产的结构和功能器件组装无人机，产业发展具有大众化趋势。当代科技在微电子、新材料、自动化、发动机和动力技术等领域有了长足的进展，诞生了许多传感器、微机电、导航和通信芯片等高技术器件等。在人工智能技术支持下，"一键起降、自主作业"成为许多无人机必备的模式之一。今天，制造、拥有和使用无人机的经济和技术门槛都很低。

2）科技基础设施建设发展不同。在过去，传统民用无人机有效活动区域只能限定在小范围。视距外远距离、长航时飞行缺乏可以依赖的外部导航和通信基础设施。现在，任何一架普通的民用无人机，都是在全球导航卫星和通信卫星信号覆盖中（如果在低空，还可能在地面移动通信基站覆盖信号范围）。可以说，整个可飞行的大气层，卫星导航和通信信号无处不在，这是过去所没有的，是过去和现在的主要区别之一。

3）当代无人机的发展具有小型化、大众化、发展迅猛等特点（廖小罕和周成虎，2016；廖小罕等，2016）。尤其是轻小型无人机，数量庞大、参与飞行者众多、科学实验和飞行活动频繁、各类创新性应用层出不穷。这也经常造成与现有的空域管理、军民航运行管理及社会秩序管理等发生冲突，有些还存在巨大的安全隐患。

世界各国对于当代无人机如此迅猛发展和广泛渗透，多少都有点始料未及，应对策略上可谓措手不及。我国无人机发展突飞猛增，特别是近年来，民用无人机发展飞快。工业和信息化部（以下简称工信部）统计，截至 2018 年，国内无人机产量超过 380 万架，保有量估计超过 150 万架；并预测到 2020 年，民用无人机产业产值将达 600 亿元，年均增速 40%以上；到 2025 年，民用无人机产值将达到 1800 亿元，年均增速 25%以上（引自《工业和信息化部关于促进和规范民用无人机制造业发展的指导意见》）。目前，中国无人机行业主要以消费级无人机为主，但各类商业化应用正逐步广泛展开，包括监控、消防、航拍、快递运营、物流运营等诸多领域。随着无人机数量的增加，同一区域同一高度的无人机数量增加，空中碰撞风险陡增。一旦无人机空中存在率达到一定的数量，发生碰撞的风险就会大大增加。按照现在的无人机发展速度，有限的空域很快就会拥挤不堪，对于如何应对及制订有效的管理策略，也是在不断探索当中。其中一种观点就是无人机是危险物，给航空和公众安全带来隐患，应该禁止。简单准入禁止意味着无人机这一先进生产力发展和应用可能受到人为的阻碍和限制。以史为鉴，简单政策性的限制往往违背历史发展规律（中国改革网，2019）。例如，1865 年，英国针对机动车的出现，政府出台了《机动车法案》（《红旗法案》），限制机动车行驶必须有人举红旗在前面步行开道，市区速度不得高于每小时 2mi[①]（慢于人的速度），现在来看，却成了后人的笑谈。

在中国，以大疆创新公司无人机产品为标志的轻小型无人机的年生产数量已经位列世界第一，占据全球消费级无人机 70%以上的市场份额（Alex，2018）。中国已经成为名副其实的无人机制造大国，无人机应用没有理由不走在世界前列。积极应对、分类管理、依靠科技促进有序发展是运行监管面向未来发展的总体思路。

无人机的监管涉及的面很广，从具有可识别标识的无人机系统、可追溯的销售渠道、操控者资质，到飞行任务审批、获得飞行空域、飞行计划报备、起飞报告、实时跟踪定位、远程监控与远程接管、空中交通管理等，所涉及的部门、领域和行业很广泛。应该说，围绕监管，在国家和军队有关部门支持下中国做了一些积极的探索。例如，中国民用航空局（以下简称民航局）会同军队与地方政府在深圳启动无人机综合监管平台试点工作；顺丰、京东等开展物流运行示范；一批运营商开展无人机云端管控系统运行服务；科技部、中国科学院支撑建立了系列无人机科学试验综合验证基地。但这些还远远不能满足无人机飞行领域高速发展的需求。由于科技发展日新月异，一些和监管有关的标准规范和法律法规很快就不能满足发展的需要，研究建立和发展相适应的监管技术和管理方法，是当前面临的紧迫需求。

要进一步做好这方面的工作，我们需要全景观察世界范围内无人机发展的情况，分析先进的监管理念和技术，对比国内目前的发展状态，总结我们已有的经验，借鉴世界先进技术和方法，发挥中国在无人机应用与监管领域方面的引领和主导作用。无人机监管技术要服务于政府的监管政策，成为国家实施管理储备可能的技术选项。从宏观管理层面上来说，无人机监管首先需要研究清楚几个问题，包括：

1）监管政策取向如何确定。当代民用无人机的出现在世界范围既受到欢迎也受到质疑。无人机带来便利和提高效率的同时也隐含安全和隐私等问题。监管可以是简单从严禁止，也可以是有序规范管理。从机动车、火车和飞机发展的历史来看，无人机作为一个飞行载体，最终会成为人类社会与大众生活的一部分。如何在发展、安全、效益中制定平衡政策是研究的重要内容。从监管发展趋势来说，中国、欧美国家都在积极探索并开辟场地、航线做试验，为无人机商业化运行发

---

① 1mi≈1.61km。

放试运行执照，积极监管政策逐渐占据主流。

2）监管链条有多长。无人机由高技术器件集成，从器件试验生产到集成组装再到销售、执行任务等，环节很多，链条很长。目前中国已经出台了若干规范管理的法律法规，涵盖无人机标识与登记、持证上岗、任务批件、飞行许可、空中交通管理、应急处置等内容。无人机监管是全链条均衡发力还是侧重在某些重点环节？哪些环节是重点？这些都需要研究。从过去交通工具发展与监管来看，交通管理是监管的核心环节。

3）监管之手有多远。对于非法个体或组网飞行的无人机，如果违反飞行管制的活动，管制部门是否可以远程强制介入、接管和处置：这是近几年来一个讨论的焦点。无人机无论飞多远，一般都会受到测控通信闭环链路控制。随着技术的发展，如果让测控通信闭环链路留出授权接入端口，无人机在世界的任何角落，都可以通过地面移动通信网或者卫星通信网授权切入操控者的测控通信闭环链路来实现由第三方远程接管，这为管制部门紧急处置非授权的飞行提供了必要的手段。但是这也为非法"劫持"无人机提供了理论上的可能。"9·11"事件让全世界认识到飞机被非法劫持后可能带来的灾难性后果。可实施远程接管的无人机也有被通过技术手段"劫持"的危险。目前还没有地面和空中交通工具具备第三方强制接管的技术配置和管理实践的经验。对于大规模飞行机群的监管是到单机，还是到组网中心等都是开放研究的方向。当然，科技应该时刻准备着为管理提供基础和必要的支撑。对于不需要具备远程接管的飞机，一个物理开关就可以解除这种担心，但这也意味着制造成本和技术门槛的增加。

4）无人机的空中交通管理包含哪些内容。无论是地面机动车、民用航空和航海，交通管理都是公路或者航路上的交通管理，这也意味着没有道路或者航路就没有真正意义上的交通管理。对于机动车运营方来说，机动车之外的交通基础设施由政府和社会投资建设完成，如机动车道路交通网建设。如果没有机动车路网的支撑，没有交通法规的保障，机动车是无法上路安全运行的。对于无人机发展应用来说，要研究如何借鉴机动车和民航运输业发展的历史，考虑包括建设空中公共航路网等基础设施和相应的管理法规。如果仅仅是批准飞行，没有预先划设的多级别公共航路网，对于大多数超视距飞行来说，实际上就是无路可行。因为对于个体的操控者来说，很难全面准确知道和规避潜在的地理约束条件（如地面建筑、电线、高塔、飞行限制区等）和周边的民航、通航的飞机动态，任何一点疏漏和偏差往往可能带来灾难性的后果。

1.3 本书主要内容和意义

无人机运行监管涉及空域准入、安全风险评估、定位和识别、航路规划、规障避险、及时通信等。从目前在中国民航局注册登记的统计情况看，绝大多数无人机在百米的高度活动。这也反映了一个实际情况，即当代兴起的无人机主要是轻小型无人机，包括大量消费类无人机。在无人机运行最为频繁的离地几百米的低空空域，还涉及地理位置、地形地貌、地表建筑、敏感地区、人口分布、交通路网、高塔电网分布等，这就需要空域管理、航空运行与地理科学等多学科的交叉与融合。例如，低空无人机云端管控涉及地理信息技术主要研究方向就可能包括：①定位——无人机位置时空精准信息；②避障——地形地貌和城乡建筑布局；③通信——移动通信基站优化分布；④避险——人口分布和地面路网布局；⑤禁入——国防和公共安全禁区；⑥出路——低空公共航路规划与构建。科学技术最终要为社会管理服务，了解国家监管法律法规的政策制定背景和基础技术体系、掌握典型应用和前沿技术，能够为国家制定有关的管理政策、为社会营造相适应的管理环境、为工业界制造符合准入政策的产品、为无人机安全运行提供管理和技术支持提供思路，进而为有序促进新技术应用和发展、积极优化空域资源利用、维护安全和谐天空，以及完善和发展国家综合交通体系、为建设航空强国作出贡献。

因此，本书主要围绕当前无人机活动频繁的低空，从地理信息科学及技术体系角度，面向轻小型无人机行业应用管理，围绕轻小型无人机的管理技术进行研讨，分别从无人机监管相关政策、基础技术与监管技术、典型应用场景及其保障技术，以及前沿技术等对无人机运行监管技术发展与应用进行了全面综述。其结论与相关论述对于高空、长航时无人机的监管也有借鉴作用。

第 2 章　**管理策略与手段**

本章介绍当前国内外针对无人机发展出台的法律法规、政策关注重点、低空开放进程、无人机统一标识与统一注册系统，以及无人机与融合空域管理体系建设发展情况。

2.1　相关法律法规

管理的本质在于资源的最优化。顺应无人机行业的飞速发展，国际国内陆续出台了一系列法律法规，对于规范引领无人机产业科学可持续发展具有重要意义。

2.1.1　无人机监管规章标准发展现状与趋势

1. 国外法规标准体系建设进展

从全局规划上看，尽管各国、各地区管理体制和法律体系不尽相同，但都遵循了按照法律效力等级自上而下逐步构建、上下一致且相互呼应的监管法律体系的做法。如意大利修改了《航空法》、制定了相应的政府法规，在政府法规之下制定了一系列民航规章，以及配套的指南和手册等。法国、英国、南非等也采用了相同的做法。

从立法主体看，目前各国的立法均由议会、民用航空主管机构制定，鲜有地方政府先行制定法规，或者在中央政府或联邦政府职权范围内开展地方立法的情况。

从立法进度看，世界主要航空强国或者具有重要影响力的国家，如美国、德国、法国、英国、意大利、西班牙、日本、新加坡，以及新兴国家巴西、南非、澳大利亚、新西兰都已经有本国航空领域的基本法，即《航空法》或者《民用航空法》进行修订从而获得适当的上位法依据，制定颁布了从法规、规章到咨询通告的一系列法律文件。各国立法进程尽管略有差异，但基本上都将小型无人机作为起步阶段的关注重点，首先在此领域形成规则体系。这和本书讨论和关注的重点是一致的。

截至目前，尽管各国、各地区和国际组织都在积极努力，试图在尽可能短的时间内建立一套无人机监管法规标准体系，但标准体系建设推进较慢。造成这种局面的原因有两个方面：一是各国和国际上都尚未建立成熟的监管法律体系，标准的制定还缺乏足够清晰的法律指引；二是实践（运行）都还不够成熟，缺乏足够的支撑标准制定的数据积累，包括事故和事故征候调查及报告数据。

2. 国内无人机监管规章标准发展现状与趋势

近年来，我国加快了无人机监管规章标准制定工作进程。国内无人机监管组织机构主要包括国务院中央军委空中交通管制委员会（以下简称国家空管委）、民航局、工信部和行业协会等。其中，国家空管委主要负责飞行管制；民航局主要负责民用无人机飞行标准、经营许可、适航、空中交通管理等工作；工信部主要负责无人机制造业管理；行业协会主要负责驾驶员资质管理等。

依据国务院、中央军委立法工作部署，为实现对无人机的依法管理，国家空管委办公室组织起草了《无人驾驶航空器飞行管理暂行条例（征求意见稿）》，对无人机系统、无人机驾驶员、飞行空域、飞行运行、法律责任做出了规定。明确了无人机与航模的区别、无人机分级分类、适航管理、身份识别、空域划设、计划审批流程简化、植保无人机特殊管理等问题，把民用无人机分为微型、轻型、小型、中型和大型，实施分级分类管理。

2009 年年初，国内发生未经授权无人机飞越机场上空事件，导致航班延误。同年 6 月，民航局颁发《关于民用无人驾驶航空器管理有关问题的暂行规定》。该规定的发布，标志着中国民航已经把相关的民用无人机飞行活动正式纳入监管渠道，对民用无人机飞行和发展具有里程碑意义。近年来主要工作包括：

1）加强组织领导，强化行业监管。民航局建立了无人机整治专门工作机制和专项工作领导小组，负责各地区专项整治工作。

2）出台规章标准，完善法律规章体系。部门规范性文件和行业标准，以"保证飞行安全，规范民用无人机飞行和运行管理行为，提高飞行性能和相关驾驶人员操控技能"为主，包括《关于民用无人驾驶航空器管理有关问题的暂行规定》《民用无人机适航管理工作会议纪要》《民用无人驾驶航空器驾驶员管理规定》《轻小无人机运行规定（试行）》《民用无人驾驶航空器系统空中交通管理办法》《民用无人驾驶航空器实名制登记管理规定》《民用无人驾驶航空器从事经营性飞行活动管理办法（暂行）》，以及《飞行机组无人机冲突报告程序》《民用无人驾驶航空器违规飞行管制应急处置程序（暂行）》《关于进一步加强民用运输机场净空保护区内无人机等升空物体管理工作的通知》和《关于加强无人机扰飞防治工作的通知》。此外在《民用机场管理条例》和《民用航空空中交通管理规则》专门增加了无人机相关内容和章节。民航局正在研究制定 CCAR-92 部《无人机安全管理规则》，从而形成规范的标准体系。2019 年 8 月，中国民用机场协会（China Civil Airports Association，CCAA）发布《民用机场无人驾驶航空器系统监测系统通用技术要求》，填补了国内标准空白，为民用机场无人机监测提供了参考依据，为民用机场相关应用和设备制造提供了参考标准。为完善民用无人机运行标准，民航局发布了有关提升民用无人机飞行安全的指导性文件，包括《无人机围栏》和《无人机云系统接口数据规范》，至今公布了173 个运输机场障碍物限制面保护范围数据，用地理围栏来保障机场飞行安全。

3）研发管理平台，加快管理技术提升。民航局已经批准了 11 家无人机云服务商，并初步实现数据交换和信息共享，关于云系统，4.4 小节将进一步详细说明。民用无人机实名登记系统已正式运行，下一步将向其他无人机厂家和飞控厂家推广产品激活和实名登记融合，并将无人机实名登记系统的厂家接口设立为行业标准，以规范其应用。民用无人机经营许可管理系统 2018 年 6 月上线，企业使用无人机进行经营性飞行活动可在线办理经营许可证。

4）2015 年 4 月，工信部根据《中华人民共和国无线电频率划分规定》及国内频谱使用情况，规划 840.5～845MHz、1430～1444MHz 和 2408～2440MHz 频段用于无人机系统，但是对于频率的保护、安全等，还没有建立起相应的规则。工信部装备司委托科研机构制定了《民用无人驾驶航空器系统设计单位基本条件及评价方法》和《民用无人驾驶航空器系统生产单位基本条件及评价方法》等两项行业标准，但这两项标准的效力、日后可能设立行政许可的依据等还有待明晰。

2.1.2 针对运行风险进行分类的法律法规体系

统观目前绝大多数国家、地区的实际做法均是首先按照运行风险大小对无人驾驶航空运行进行分类，而不是针对无人机本身。其后，各国、地区监管机构基于某一特定管理目的，如注册、驾驶员管理等需要，进一步对航空器进行分类。

国际民航组织遥控驾驶航空器系统专家组（International Civil Aviation Organization Remote Piloted Aircrafts System Panel，ICAO-RPASP）明确建议按照运行风险大小将无人机系统的运行分为 A、B 和 C 三类：运行风险相对较小的 A 类（开放类）、运行风险相对最大的 C 类（审定类）和运行风险介于前两者之间的 B 类（特定类）。

同样，国际民航组织（International Civil Aviation Organization，ICAO）小型无人驾驶航空器系统咨询专家组（sUAS-AG）制定的小型无人机系统日常运行指南中也充分践行了按照风险大小对无人机系统运行进行分类的理念，建立与风险级别相对应的监管原则和措施。

美国尽管没有在法规中明确使用 ABC 或者开放、特许和管制的三分类表述，但事实上的做法也是如此。当前，美国的法规体系还在制定中，美国联邦航空管理局（Federal Aviation Administration，FAA）按照国会要求和面临挑战的紧迫性，首先针对小型无人机系统（sUAS）制定了法规，即联邦航空法规 107 部。107 部事实上就是按照运行风险三分类管理方法中的 A 类运行，对于该类运行联邦航空局在 107 部中明确规定了运行限制，只要在运行限制范围内，运营人除网上登记外，不需要向联邦航空局申请任何许可。当前，美国联邦航空局一方面在进行 B 类运行试点验证和豁免审批，另一方面在抓紧制订 B 类运行规则。

欧洲航空安全局（European Aviation Safety Agency，EASA）提出了基于运行风险的监管框架，并给出了 33 项规章制定或者修订建议。①开放类（低风险）：开放类的无人机运行风险非常低，不需要航空监管部门管理；②特定类（中等风险）：特定类的无人机运行具有一定的风险，因此需要针对设备和人员能力提出更高的要求来控制风险，对于该类型的运行，经本国航空监管当局批准，审定机构可以协助监管机构对运行风险进行评估；③审定类（高风险）：运行风险同有人驾驶航空器相同或者相似的无人机运行归入审定类。对于审定类的运行，其监管规则和要求几乎与有人驾驶航空器完全一致，审定类的运行由 EASA 和各国航空管理机构监管。

2.1.3　以运行为核心构建的法规标准体系

运行风险大小不同，相应的管理制度和措施方法就不同。所以，对于运行风险较小的 A 类运行，各国、地区通过制订运行规则，在高度、速度、范围等方面做出相应要求，操作者按照运行规则即可进行飞行活动。对于运行风险较大的 C 类运行，各国、地区普遍采取了与有人驾驶航空器完全相同的监管方式，即通过所有环节和要素的证照进行监管，如航空器需要适航、机组需要执照、运营人需要获得运营合格证等。B 类运行是最有弹性的一类，各国普遍引入了风险评估的方法，即按照监管机构可以接受的风险评估方法、标准、程序对某一次、某一系列特定运行各相关要素进行评估，在可以接受的安全风险范围内，由监管机构或者监管机构授权的机构批准运行。如果运营人能够证明它建立了相应的安全管理体系，并且可通过监管机构或者监管机构授权机构组织的风险评估，那么监管机构或监管机构授权的机构也可以颁发遥控驾驶航空器系统运营人合格证，在合格证允许的范围和限制内，运营人可以自行组织风险评估并开展相应的运行活动，无须就每一次运行再向监管机构提交申请。为了给各国监管机构提供详细的指导，无人系统规则制定联合体（Joint Authority on Rulemaking of Unmanned System，JARUS）已经制定并且颁布了《特定运行风险评估》（*Specific Operation Risk Assessment*，SORA）文件，各国监管机构可以以此为基础制订适合本国国情的运行风险评估规则。风险评估一旦超过可接受的安全风险范围，运营人在证明可以通过有效方法将风险降至可控范围之前，不得开展运行活动。

2.2　无人机与融合空域管理体系建设发展

尽管目前业内都将隔离空域作为无人机安全飞行体系方法的组成部分以专项形式提出来，但从长远来说，将民用无人机飞行融入国家空域系统将是未来的目标与趋势，特别是管制空域，需要围绕"运行、设施、人员"解决一系列重大技术、法律法规，以及运行和运行管理问题，给国家航空行政主管部门、国家空域管理部门、国家空中交通管理部门、国土防空部门、地方政府执法部门、科研院所、高等院校、行业协会、职业教育培训和宣传机构，以及从事或牵涉无人机飞行活动的组织和个人带来新挑战。

面对民用无人机带来的新机遇和新挑战，所有的航空利益攸关方应顺势而为，直面社会需求、携手合作，以"政府监管体系、运行与运行管理体系、服务与保障体系"建设为主线，从安全管理、空域管理、适航管理、证照管理、法律法规、标准规范、风险评估、分类运行、飞行服务、支持保障、技能教育、科技创新、信息共享、查证处置和法律执行等具体工作入手，为民用无人机安全、有序、正常和高效融入国家空域系统而努力奋斗。

2.2.1 协同推进监管与服务体系建设

近几年，随着民用无人机数量的持续增长、应用领域的不断扩大，在无人机融入国家空域系统需求日益旺盛的同时，无人机滥用对我国国防安全、社会公共安全，特别是对航空运输安全的影响也日渐突出。2017 年 4 月，成都双流国际机场发生无人机空中接近民航客机事件，造成大量航班延误或备降。该事件表明，发展民用无人机应用的同时，不能牺牲空域其他用户利益，也不能规避政府监管，更不能违背社会秩序。因无人机滥用而影响航空安全的事件在国外也时有发生。2018 年 12 月，英国伦敦盖维克机场发生无人机干扰事件。事件除了导致机场被迫关闭，造成逾千架次航班、近 14 万乘客受到影响外，还迫使当局调动了空军进行戒备，并于日后宣布了英国政府将在全国机场部署无人机侦测系统，以杜绝无人机对机场构成的威胁和干扰。

现阶段的民用无人机用户，有很大一部分是怀揣飞行梦想，具有一定经济实力且文化程度较高，但又没有受过专业训练、缺乏飞行定力（即独立操控能力和情绪控制能力）的消费型用户。因此，如何最大程度地满足社会化用户群体的飞行需求，防止和减少人为操作失误导致的空域飞行风险，孤立和打击恶意性或敌意性飞行事件，既是一个需要多部门协作、多层级联动、多资源共享的技术问题，也是一个摆在国家航空行政主管部门、国土防空部门和地方政府公共安全管理部门面前亟待解决的管理问题。

为确保国内低空飞行安全有序、打击违法飞行，2016 年 5 月国务院办公厅发布《国务院办公厅关于促进通用航空业发展的指导意见》（以下简称"指导意见"）。"指导意见"要求强化全程安全监管，确保运行安全，建立跨部门、跨领域的通用航空联合监管机制，形成全过程、可追溯的安全监管体系。由国家空管委办公室、民航局牵头，按照"地面管控为主、空中处置为辅"的原则，分类分级、各司其职，实施通用航空器运行安全监管。民航局负责建设通用航空安全监管平台，充分运用移动互联网、大数据等现代信息技术，提升通用航空器地面和空中活动的监控与追踪能力，实现飞行动态实时监控。工信部负责民用无人机无线电频率规划管理。军队负责查证处置空中违法违规飞行活动,公安部门负责"落地查人",严厉打击"黑飞"等违法违规行为,确保低空飞行安全有序。"指导意见"为我国实施包括无人机在内的通用航空运行安全监管提供了执法依据,并在民用无人机行政执法与刑事执法衔接工作机制方面做出了明确的规定,对构建国内民用无人机及低空飞行安全监管与服务保障体系具有重大意义。自"指导意见"发布以来,一些部委局和省(区、市)人民政府携手顺势而为,陆续依法依规发布《无人机管理办法(规定)》,对遏制无人机"黑飞"、无人机"扰航"事件频发多发势头起到了关键作用。

2017 年 5 月,民航局为确保航空运输安全,启动专项整治工作,要求各地区管理局、监管局、机场迅速行动,加强行业内外联动与宣传动员,形成无人机治理合力;制定完善防止无人机干扰正常运行的程序,并会同军方和地方政府建立完善军地联防联控监管机制、空地联动应急处置机制。同时还要求立足长远,研究评估无人机飞行对民航运行的影响,积极探索创新管理方式,把好的管理机制、监管方法固化为规章制度,逐步建立无人机管控长效机制。

2018 年 11 月,"无人机之都"深圳启动了由南部战区空军与民航中南地区管理局、深圳市政府,以及相关军地单位和部门共同组织实施的"深圳地区无人机飞行管理试点工作"。"无人机综合监管平台"也同时上线试运行。"试点工作"坚持联合监管原则,涵盖空域管理、飞行管理和公共安全管理,满足无人机飞行审批程序简捷、航迹实时监控、执法取证合法、管控信息共享等联合监视管理工作要求;"监管平台"以飞行管理为主线,打通了军航、民航和地方政府的相关管理系统,是国内首个支持联合监管活动的工作平台。

同年 11 月,海南地区空域精细化管理改革领导小组根据国务院、中央军委相关精神要求,正式启动国家试点项目"海南无人机综合监管试验平台"建设。"试点项目"将用于验证军航空域管理部门、民航行业监管部门和政府相关管理部门对无人机管控工作的职责分工与协作流程,建立军民航及政府管理部门认可的、能够相互配合的无人机管理模式。"试验平台"由"民航无人机运行管理""公众服务""政府管理"和"军航空域管理"四部分组成,2019 年初已完成第一阶段建设并投入使用。

从现有资料看,国内无人机监管体系建设与实践均处于国际领先地位,在政府监管念、原则、组织架构、制度设计、运作模式、实施方案等方面,正在创造出一套可借鉴、可复制、可推广的经验,只要长期坚持下去,并充分利用科技创新手段，完全可以把国内的无人机"黑飞"、无人机"扰航"等违规违法事件发生概率控制在最低限度。

2.2.2 实现基于运行风险的无人机运行和运行管理体系建设

创建一个安全、有序、正常、高效的无人机运行和运行管理体系，是满足所有航空用户需求，也是无人机顺利融入国家空域系统的基础和前提。经过近十年的努力，目前大部分无人机应用领先国家已经就"无人机运行概念""无人机融入国家空域系统实施路线图"和"无人机运行管理体系架构"形成共识，并从"立法策划组织阶段"起步，经过"关键技术开发验证阶段"进入"阶段性应用推广阶段"。三个阶段相互呼应，起到传承和统领作用的就是"基于无人机飞行（运行）风险的分类运行和运行管理理念"。

尽管目前飞行（运行）风险评价模型还在不断改进完善，但其能够得到普遍认可的根本原因，是因为现阶段的民用无人机操控人员的飞行技能，特别是独立操控能力和情绪控制能力参差不齐，加上飞行任务、时间、地点、高度、速度、航向、姿态及其飞行时的重量等林林总总，最终导致的无人机飞行（运行）风险必然是大相径庭。因而，根据飞行（运行）风险评估结果，实行分类运行、分类监管和分类服务保障，既是管理机构遵从无人机发展规律，符合民用无人机飞行（运行）特征，满足空域所有用户利益的最佳选择，也是操作机构有针对性的防范违规违法操控，缓解或避免对空中其他航空器或地面人财物造成伤害的权宜之计。

国内民用无人机运行和运行管理体系建设基本上与欧美国家同步。尽管尚未发布"运行概念"和"实施路线图"，但是在开展运行和运行管理体系建设过程中依然坚持分类运行和分类监管理念。例如，2018年11月，民航中南地区管理局发布《深圳地区无人机飞行管理实施办法（暂行）》。"实施办法"由"目的、责任机构、适用范围；无人机分类、适航规定、登记管理；无人机驾驶员管理；空域管理；空域申请；飞行运行；责任与处置；其他"等八部分组成，是国内第一部以《无人驾驶航空器飞行管理暂行条例（征求意见稿）》为参考，系统性描述无人机运行管理活动的地方政务文件。

预计随着无人机融入国家空域系统工作的逐步深入，特别是《中华人民共和国民用航空法》修正案草案增加的第二百一十四条——"授权国务院、中央军事委员会对无人机作出特别规定"获全国人大通过以后，国内无人机监管立法有了法律依据，无人机运行和运行管理体系建设将进入全面推进阶段。

2.2.3 需求牵引创建无人机服务保障体系

为无人机提供飞行服务和飞行保障，既是无人机运行和运行管理活动的组成部分，实现无人机监管工作的需要，也是促进无人机产业持续健康发展，完善航空生态系统的过程。

民用无人机是新生事物，需要因地制宜对其飞行服务项目及其保障方式进行全方位系统科学的考量。服务项目除应根据飞行或运行需要针对具体飞行活动提供的气象预报、飞行情报、航路规划、计划制作、风险评估、违规提示、冲突告警、信息共享、零部件储运、保养维修等项目外，还应包括根据政府监管或运行管理需要针对个案提供的适航审定、证照办理、政策法规咨询、宣传教育、技术开发、职业技能培训、技术咨询、作业指导、法律服务等项目；保障方式除了纳入国家空中交通管理范畴的飞行活动由相关管制部门按规定程序、标准和要求提供的保障外，无人机用户可能还会按照国家或民航《低空飞行服务保障体系建设总体方案》要求，接受一些飞行服务站（设施）提供的飞行保障，如地面通信站、数据链和通信设施、超视距飞行时的通信导航监视支持、空域拥塞告警、违规越界飞行告警等。

目前，国内已经建立一些经过民航局批准的无人机云系统，可以针对轻小型民用无人机飞行（运行）活动提供计划申报服务、情报服务、气象服务、运行服务和统计分析服务，具有注册管理、培训管理、航路规划、飞行轨迹跟踪、空中定位、越界提示、冲突告警、数据交换、信息共享，以及位置、高度、速度、航向等动态数据的实时监测、存储回放、统计分析等一系列功能。预计未来几年，这些云系统将按照新思路、新要求完成新一轮技术更新迭代和功能拓展。无人机云系统介绍详见 4.4 节。

为推进国内民用无人机管理工作，促进无人机产业健康发展，2018 年 12 月，民航局召开"民用无人驾驶航空器管理领导小组第一次会议"。会议总结了 2018 年民航民用无人机管理工作，并就今后一段时期工作重点、工作思路和工作机制进行了研讨。民航局领导就下步工作提出四点要求：一要提高认识，切实增强做好民用无人机管理工作的责任感和紧迫感。要清醒地认识到国内民用无人机管理在法规标准体系、安全监管手段、核心技术等方面存在的问题，立足民航工作职责，从战略层面抓紧谋划解决，从战术层面尽快实施，为民用无人机产业持续健康成长创造有利条件。二要坚持问题导向，积极应对民用无人机管理面临的挑战和难题。要重点在"四个一"方面有所突破，即制订一部规章、建立一套分类管理办法、搭建一个运行管理平台、形成一套权威有效的引导机制，分别解决上位法规缺失、管理政策手段针对性不强、管理服务能力偏弱、宣传教育不到位的问题，为民用无人机产业持续健康发展奠定良好基础。三要加强组织领导，积极推动民用无人机管理取得更大的实效。四要在加强顶层设计、加强统筹协调、加强国际合作、加强政策支持方面下功夫，为民用无人机产业持续健康发展营造优良的政策环境。

2.3 低空空域开放进程

无人机的飞行活动区域主要集中在低空和超低空，而这一区域通常与人类活动和地理信息紧密相关，因此，无人机的飞行活动受到极大限制。同时，低空空域的开放程度决定了无人机飞行的申请程序的烦琐和必要条件的颗粒度，进而影响无人机的飞行监管规则制订。因此，加快低空空域有序开放进程对于促进无人机监管及其相关产业的发展至关重要（谢春生等，2016）。

2.3.1 国内低空空域开放的发展历程

低空空域是一种有限的地理空间资源，与陆地资源、海洋资源，以及其他地球表层资源一样，是国家资源的重要组成部分。低空的开放可以使得低空空域资源得以充分利用。国内的低空开放进程可分为三个阶段。

第一阶段：低空开放的起步。1951 年，民航局开始承办专业航空业务，标志着低空资源利用和低空航空发展的开端（路紫等，2016）。1952～1960 年为初始阶段，此时低空的利用主要解决新中国成立初期在基础建设、地质勘测中面临的地图等地理资料严重短缺问题，并为森林、矿藏资源普查和农业保护提供资料获取手段；1961～1998 年，低空应用受限于自然和人文因素影响，处于初级徘徊期；直至 1996 年，民航局出台了《关于发展低空航空若干问题的决定》，制定了低空航空发展政策，国内低空航空逐步走上全面发展的道路。

第二阶段：正式提出低空开放。2004 年，国家空管委正式提出有计划地开放低空空域，标志着低空开放的正式提出（人民网，2012）。但此时国内的低空开放关注度仍不普遍。国内对于低空空域的关注始于 2009 年召开的低空空域管理改革研讨会，明确了将适时开放低空飞行区域。

第三阶段：低空开放快速发展。2010 年是低空开放关键的一年，低空相关政策和规则相继推出。2010 年 8 月，中央军委、国务院联合下发《关于深化低空空域管理体制改革的意见》，确定了低空空域分类标准和总体管理思路。按照该意见，4000m 以下可按监视空域管理，即用户报备飞行计划，空管部门监视飞行动态，提供飞行情报等服务，这打破了国内低空航空业发展的制度壁垒；2011 年，民航局进一步明确提出开放低空空域的试点区域政策，于 2013 年在《通用航空飞行任务审批与管理规定》中简化了通用航空飞行计划的申报与审批手续；2014 年，民航局发布《低空空域使用管理规定》（试行），明确了低空空域的含义，将全国范围内真高 1000m（含）以下区域定义为低空，并将全国低空空域划分为管制空域、监视空域、报告空域和目视飞行航线四大类；又在 2016 年 5 月颁布的《关于促进通用航空业发展的指导意见》中提出将稳定扩大低空空域开放，未来将低空空域真高提升为 3000m，简化通航飞行审批备案。2017 年至今，民航在西北地区、东北地区、华东地区和四川、陕西、新疆等地进行了大量通用航空低空空域监视与服务试点，在沈阳、广州、海南、长春、杭州、宁波等飞行管制分区进行真高 1000m 以下空域管理改革试点，要求整合民航管制、情报信息及军方管制手段，搭建低空管制服务平台，这标志着国内低空空域资源管理由粗放型向精细化转变（陈平等，2019）。

2.3.2　国内外低空开放对比分析

在低空资源的管理和利用方面，美国和欧洲对低空空域的研究比中国要早。美国定义 3000m 以下为低空开放空域，飞机在使用空域时需要提交飞行计划，并根据 ICAO 空域分类标准将低空空域划分为 B、C、D、E 和 G 五大类，其中 B、C、D 和 E 类为管制空域，G 类为非管制空域，主要是指高 1200ft[①]下的空域（Atkins，2014）。美国低空空域管理的理念是空域要最大限度服务于民众，因此，其低空空域管理原则是只要条件允许，能放开的全部放开。在欧洲，空域被划设为 N、U

---

　① 1ft = 0.3048m。

两大类，N 类为识别环境空域，提供 ATC 服务，要求持续双向通信；U 类为未知空中交通环境空域，属于非管制空域（相当于 G 类空域），不提供间隔服务和 ATC 服务（李桂毅和隋东，2010）。相比 ICAO 的空域分类标准，欧洲的分类标准更简单有效，更加便于低空空域管理和用户使用，并且其空域限制程度低，也更加符合通用航空灵活的特点，成功避免了空域分类技术的滞后性。经统计，为了满足通航用户对于空域的需求，大部分国家的低空空域上限均高于 3000m（表 2-1）。

表 2-1　美国及部分欧洲国家低空空域的上限及其所属等级

国家	低空空域上限（平均海平面高度）	空域等级
美国	18000ft（5486.4m）	E
英国	19500ft（5493.6m）	G
德国	10000/13000ft（3048/3962.4m）	E
法国	13000ft（3962.4m）	G
意大利	19500ft（5493.6m）	F/G
瑞典	9500ft（2895.6m）	G
西班牙	24500ft（7467.6m）	E

中国民航局将全国范围内真高 1000m（含）以下区域定义为低空，并提出将低空空域真高提至 3000m 的构想，将全国低空空域划分为管制空域、监视空域、报告空域和目视飞行航线四大类。对比国内外的低空空域研究可以发现，国内低空空域范围初步界定，初具低空航路规划的基础；但国内管制空域和限制级别均只有一种，考虑到交通密度的不同及交通环境的多样性，用户对不同安全等级的管制空域需求不同，单一的空域划设标准显然不能符合低空空域用户的需求，应根据具体空域情况，对低空空域进行精细划分。国内将无法提供管制服务或管控难度大的空域也划设为管制空域，易导致空域资源浪费。在国内一些偏远地区或城市人口密集区，许多管制空域因通信导航监视能力不足，无法提供管制服务或管控难度极大，如果把这些空域划分为管制空域将导致空域资源严重浪费、监管不到位、加大空中交通管制服务的压力等不良后果，而如果基于现有移动通信设施划设低空固定航路，依赖移动通信网络进行航路管控，会大大提升低空资源利用效率（廖小罕等，2018）。近来围绕无人机低空空域研究，在电气与电子工程师协会（Institute of Electrical and Electronics Engineers，IEEE）有关工作组框架下

（IEEE SA 1939.1），低空被定义在地理要素影响明显、移动基站信号覆盖范围内的空域范围（IEEE，2019a）。

2.3.3 低空空域开放与无人机监管

国内低空空域开放信号释放已经多年，但当下无人机申请空域过程依旧比较困难和繁杂，主要是因为无人机管控规章制度或技术发展阻碍，低空空域开放与无人机管控规则及其关键技术发展息息相关，主要表现在：

1）随着低空空域的开放进程，无人机飞行活动剧增，无人机产业快速发展，使得对无人机进行管控的需求日益迫切。无人机的飞行活动集中在低空，随着低空的逐步开放，无人机的低空应用进程加快，如物流运输、科学测绘、电力巡线、基础设施检测、森林防火救援、医疗、人道主义救援和商业航拍等行业应用范围愈加广泛，无人机低空飞行时长也随之剧增，2018 年累计飞行达 99 万小时（民用无人机检验中心，2019），其中运行高度低于 120m 的无人机飞行小时数占总数 83.26%（民用无人机检验中心，2019）。由此可见，绝大部分无人机的飞行高度均在 120m 以下（图 2-1）。长此以往，如果不加以约束或监管，必然导致低空拥堵和飞行秩序的混乱。也可以说，低空飞行活动的剧增必然催动无人机监管规则体系的逐步构建。

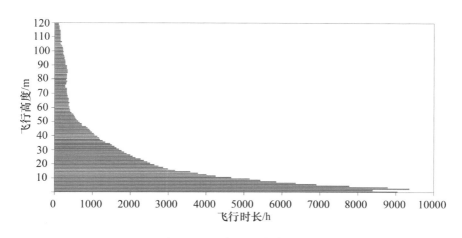

图 2-1 无人机飞行高度分布

2）加强无人机管控规则体系构建和技术发展，促进低空有序开放和管理，以及低空经济的繁荣。低空经济，是指以通用航空、航空运动、航空培训、航空旅游等 3000m 以下航空活动为核心的经济产业群，现在也包括无人机低空经济。依赖低空空域的产业主要是通用航空业，包括工业航空、农林航空、执照培训飞行、休闲娱乐飞行，以及通用飞行器、直升机、动力伞、滑翔伞、动力三角翼、载人热气球和飞艇等航空器和浮空器的研发、制造与销售活动。该类产业活动起始于20 世纪初，目前在发达国家已成为一个庞大的产业簇群，在国家社会经济发展中发挥着举足轻重的作用，并形成了较为完善的产业法规政策体系，而中国低空产业规模小、发展不平衡，运营保障服务能力较低，设施设备落后，发展进步空间极大。因此，需要加强无人机管控规则体系的构建，着力解决无人机监管的技术瓶颈，促进低空的有序开放和低空经济繁荣。

2.4 无人机生产制造唯一产品识别码标准规范

无人机唯一产品识别码是无人机身份识别的基础，也是无人机管理的重要基础性工作。此码赋予每一架无人机终生不可改变的唯一编码，通过该码，无人机用户、民航、公安、海关等相关部门均可查询该无人机生产相关信息。构建无人机唯一产品识别码是一项贯穿无人机全生命周期的工作，涉及无人机的制造、流通和运行等环节。

无人机的唯一产品识别码构建涉及多种技术手段，包括编码、存储、通信、数据融合等。通过研究民用无人机数字身份识别关键技术，从全局角度出发统筹规范民用无人机身份识别在制造、流通和运行环节的管理需求，实现在民用无人机设计制造、流通及使用相关责任人的身份识别和监管，及时有效处置违法违规飞行活动，落实相关责任追究，从而确保对民用无人机的全面管理（卢海英，2018）。

2.4.1 无人机唯一产品识别码相关法规及产业基础

国务院、国家空管委办公室组织起草了《无人驾驶航空器飞行管理暂行条例（征求意见稿）》。该条例由国家空管委办公室牵头起草，无人机管理部际协调联席会议的二十八个国务院相关部门参与起草，是国内无人机管理的基本法规。其中第九条对无人机制造的行业管理做出明确规定：除微型无人机以外的民用无人机应当按照国务院工业主管部门规定具备唯一产品编码。第十三条对登记管理做出相应规定：除微型无人机以外的民用无人机，应当向国务院民用航空主管部门进行实名注册登记。同时，第十一条对产品认证管理也做出相应规定。这些都为未来无人机唯一产品识别码的技术应用提供了法规依据。

国内民用无人机身份识别应用已有大量工作基础，深圳大疆创新、飞马机器人等无人机企业建立的通过蜂窝网络对本企业生产的无人机进行识别的系统已进入实用阶段；中测新图建立的基于北斗短报文技术的无人机管理系统是 863 "十二五" 的项目成果，已经过多轮验收测试；中国科学院中科天网无人机管控系统也已通过了全国联网测试；深圳华为已与民航局开展了低空数字化实验，在某些使用环境中利用 5G 蜂窝网络对无人机进行包括身份识别的管控技术研究；民航局已经支持批复一系列无人机商业云系统，可以说，我国具备了较好的无人机识别技术储备和相关应用基础，足以支撑制定统一的技术标准体系，便于产业进入良性发展。

2.4.2　相关产业发展政策

2017 年 12 月，工信部发布了《工业和信息化部关于促进和规范民用无人机制造业发展的指导意见》，在总体要求中明确提出 "安全管控技术手段不断完善，国家级安全管控平台基本建立，企业级监管平台基本实现全覆盖，民用无人机产品全部实现'一机一码'，自动识别率达到100%，满足接入管控平台的功能要求"。在主要任务中明确提出 "研究制订民用无人机数字身份识别规则、技术方案，实现'一机一码'；引导企业通过加装通信模块、飞控软件升级、预留接口或采用国家制订的统一传输协议等技术手段，将产品纳入国家统一管控；利用移动通信网络、广播式自动监视系统或卫星通信等方式，实现民用无人机可识别、可监视和可管理。推动企业建设产品基础信息数据库及企业级产品监控服务平台，确保全部产品信息登记，实现民用无人机全生命周期管理"。这些都是民用无人机生产制造管理部门对无人机生产研制单位所生产的无人机身份识别提出的具体要求。

2.4.3　无人机唯一产品识别码相关标准

2017 年 6 月，国家标准化管理委员会、工信部、科技部、公安部、农业部、国家体育总局、国家能源局、民航局等部门联合发布了《无人驾驶航空器系统标准体系建设指南（2017～2018 年版）》（以下简称 "指南"）。"指南" 包括 "分类分级" 和 "身份识别" 等基础类标准，"注册管理""制造管理""运行管理" 等管理类标准，"系统级" 和 "部件级" 等技术类标准，以及在不同行业的应用类标准。

其中，基础类标准以国家标准为主，管理类标准、技术类标准和行业应用类标准以行业标准为主。已列出了 267 项标准名称，其中多项标准与无人机身份识别密切相关，详见表 2-2。

表 2-2 《无人驾驶航空器系统标准体系建设指南》部分标准列表

序号	标准体系结构	标准体系编号	标准名称	备注
1	A 基础标准	AC03	民用无人驾驶航空器对象标识符应用指南	亟需制定
2	A 基础标准	AC04	民用无人驾驶航空器通用数据交换格式与对接技术要求	亟需制定
3	A 基础标准	AD01	民用无人驾驶航空器系统身份识别要求	亟需制定
4	A 基础标准	AD02	民用无人驾驶航空器系统电子标签技术要求	亟需制定
5	A 基础标准	AD03	民用无人驾驶航空器对象标识分配、注册与系统解析技术要求	亟需制定
6	A 基础标准	AD05	民用无人驾驶航空器对象标识编码与存储规范	亟需制定
7	A 基础标准	AEA05	民用无人驾驶航空器基于 OID 的安全认证架构	亟需制定
8	A 基础标准	AEB01	民用无人驾驶航空器用低压型锂离子电池和电池组安全要求	亟需制定
9	A 基础标准	AEB02	民用无人驾驶航空器用高压型锂离子电池和电池组安全要求	亟需制定
10	A 基础标准	AEC01	民用无人驾驶航空器系统数据链路安全性要求	待制定
11	B 管理标准	BFB01	民用无人驾驶航空器系统空域使用指南	待制定
12	C 技术标准	CABA11	无人驾驶航空器系统机载计算机测试设备通用规范	待制定
13	C 技术标准	CABB05	民用无人驾驶航空器载荷设备和分系统级电磁兼容性能要求与测试方法	亟需制定
14	C 技术标准	CABB06	民用无人驾驶航空器系统级电磁兼容性能要求与测试方法	亟需制定
15	C 技术标准	CACA01	民用无人驾驶航空器系统电子围栏技术要求	待制定
16	C 技术标准	CACB01	无人驾驶航空器系统云数据接口规范	待制定
17	C 技术标准	CBAD01	民用无人驾驶航空器系统电气系统通用技术要求	亟需制定
18	C 技术标准	CBDB07	民用无人驾驶航空器遥感载荷设备接口通用规范	亟需制定
19	C 技术标准	CBDB06	民用无人驾驶航空器遥感载荷标识载体数据规范	亟需制定
20	C 技术标准	CBDB05	民用无人驾驶航空器遥感载荷标识载体技术要求	亟需制定
21	C 技术标准	CBDB04	民用无人驾驶航空器遥感载荷唯一标识编码规则	亟需制定
22	D 行业应用标准	DG01	无人驾驶航空器系统遥感作业技术要求	待制定

2.4.4 国际工作进展

目前，ISOIEC（International Standardization Organization/International Electrotechnical Commission）、ICAO 和 IEEE 等国际组织尚未发布无人机身份识别相关标准。2018

年 4 月，ISO/IEC JTC 1/SC 17 成立了 WG12 无人机执照与无人机识别模组工作组，聚焦于无人机执照与无人机识别模组有关的标准化工作，涉及无人机相关通信协议、密码安全、身份鉴定等标准化工作内容。我国已派出专家参加该工作组并承担了 ISO 22460 PART 2《无人机识别模组》联合编辑工作，有效保证了国内无人机身份识别与国际接轨。目前该标准已进入工作组草案阶段。

ISO/IEC JTC 1/SC 17 WG 12 无人机执照与无人机识别模组工作组第二次会议 2018 年 7 月在荷兰莱登 UL 实验室召开，中国专家在会上做了题为《中国专家无人机识别模组技术方案建议》的技术报告（图 2-2），提出了无人机识别模块（Drone Indentify Module，DIM）必须包含不可变内容作为无人机的"基因"，支撑无人机的全生命周期管理，同时包含注册编码等可变信息码，此观点得到了与会专家的广泛认同。IEEE 在 2019 年 3 月成立 IEEE-SA P1939.1 工作组，旨在形成无人机低空运行与管理国际化标准，涉及无人机识别与鉴权内容。截至2019 年 10 月，已形成组内标准草案。

图 2-2 ISO/IEC JTC 1/SC 17 WG 12 中国专家提案

2.4.5 国内工作进展

2018 年 4 月，在工业和信息化部电子司的支持下，全国信息技术标准化技术委员会卡及身份识别分技术委员成立了"无人机执照与无人机识别模组工作组"，工作组首批成员单位包括：中国电子技术标准化研究院、北京航空航天大学、中国科学院地理科学与资源研究所、大疆创新、华为技术、京东无人机、小米科技等近 40 家国内无人机应用与管控领域企业及科研单位。经国内工作组多次会议研究讨论，形成了中国国家成员体 DIM 及测试部分国际贡献，同时拟制定十项国家标准以支撑国内无人机管理工作（表 2-3）。在工作组研讨标识方案过程中，以大疆为代表的无人机企业普遍关注的是无人机增加标识的成本，工作组也在进行方案比较，尽量降低标识增加的制造成本。综合考虑，在制造过程中增加标识功能，要比生产制造后进入销售阶段、使用阶段再分别增加标识功能综合成本更有优势且便于管理。

表 2-3 "无人机执照与无人机识别模组工作组" 国家标准列表

序号	国家标准立项名称	牵头单位
1	民用无人驾驶航空器身份识别（总则）	中国电子技术标准化研究院
2	民用无人驾驶航空器身份识别（编码规则）	中国电子技术标准化研究院
3	民用无人驾驶航空器身份识别（模组通用要求）	深圳市大疆创新科技有限公司
4	民用无人驾驶航空器身份识别（基于北斗短报文的传输规范）	中测新图（北京）遥感技术有限责任公司
5	民用无人驾驶航空器身份识别（基于蜂窝联网的传输规范）	华为技术有限公司、小米科技技术有限公司
6	民用无人驾驶航空器身份识别（基于地面控制单元联网的传输规范）	深圳市大疆创新科技有限公司、小米科技术有限公司
7	民用无人驾驶航空器身份识别流程通用要求	中测新图（北京）遥感技术有限责任公司、深圳市大疆创新科技有限公司、中国电子技术标准化研究院
8	民用无人驾驶航空器身份识别（信息安全通用要求）	北京中电华大电子设计有限责任公司、深圳市大疆创新科技有限公司
9	民用无人驾驶航空器身份识别（检测方法）	中国电子技术标准化研究院
10	民用无人驾驶航空器身份识别（三维空间位置标识编码）	北京大数据研究院

经工作组六次全体会议研讨，已明确 10 项无人机身份识别相关国家标准制订工作计划，其中，总则、模组等 5 项国家标准立项已进入国标委专家立项审查阶段。

2.4.6 无人机"一机一码"示范验证平台

工业和信息化部电子标准院联合大疆创新、星逻智能、一电科技、成都纵横等国内无人机企业在苏州联合搭建无人机"一机一码"示范验证平台。2019 年 7 月 30 日在苏州召开了由工业和信息化部指导，由中国电子技术标准化研究院主办的"新一代信息技术产业标准化论坛"，该论坛以"数字赋能，标准引领"为主题，就新一代信息技术产业发展趋势、标准化需求及相关产业标准化重点工作展开讨论，并为无人机"一机一码"示范验证平台揭牌。该平台标准工作流程见图 2-3。

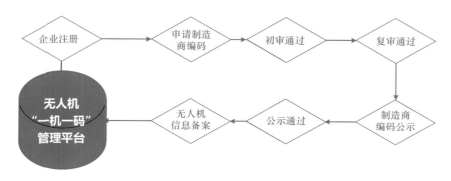

图 2-3　无人机"一机一码"示范验证平台工作流程示意图

民用无人机"一机一码"的编码由四段组成，即由制造商代码（MFC）、产品型号代码（PMC）、序列号（SN）和校验字符（CKC）共 20 位字符组成。其中，MFC 由 4 位固定长度的字符组成，4 位字符由数字（0~9）及除大写字母"O"和"I"外的大写字母（A~Z）中的 4 个字符及其组合组成，MFC 需由无人机生产企业进行注册。具体编码方案依据相关标准制订。

2.5　无人机统一登记注册工作的推进

2011 年以来，国家遥感中心、AOPA 等行业协会开展的无人机普查调研与注册登记等前期工作是国内最早开展对生产制造商与无人机用户的摸底工作。在此基础上，2017 年 5 月，民航局推出无人机实名登记系统（https://uas.caac.gov.cn），由民航局信息中心负责全国无人机实名登记注册工作。无人机实名登记系统自上线开始，截至 2019 年 12 月 31 日，无人机实名登记数量超过 39.2 万架。民航局无人机实名登记工作为动态掌握全国的无人机用户情况提供了制度保障，为国内无人机规范化管理提供了基础手段（赵晋玉，2019）。通过对 2019 年无人机登记注册情况分析，具有以下特点：

1. 登记数量继续较快增长

截至 2019 年 11 月，2019 年无人机注册数量超过 9 万架，继续在数量上远超有人机注册数量。无人机注册得到社会认可，日注册无人机稳定在 400 架。

具体情况详见图 2-4～图 2-6。

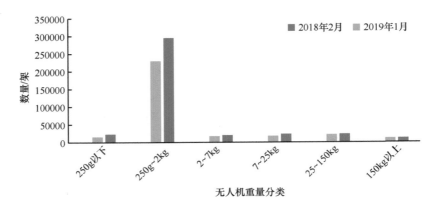

图 2-4 2018～2019 年无人机实名登记数量

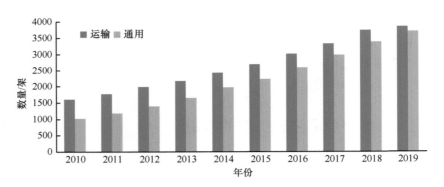

图 2-5 2010～2019 年年末在册有人驾驶航空器数量

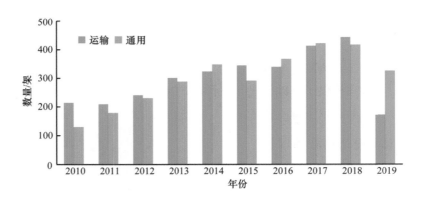

图 2-6 2010～2019 年新注册的有人驾驶航空器

受 737MAX 停飞影响，2019 年国内运输客机引进数量有较大下降

2. 无人机热潮降温、增速放缓

近两年国内无人机生产成为热门，在 2017～2018 年有了爆发性增长，截至 2019 年 11 月，国内共有无人机注册厂家 1690 家，3500 个型号，但 2019 年无人机新增厂家和新增型号出现放缓趋势，显示无人机投资热潮有所降温。具体如图 2-7～图 2-9 所示。

3. 无人机厂家马太效应凸显

国内厂家登记的 3500 个型号，在有登记的无人机中，仅有 105 个型号注册数

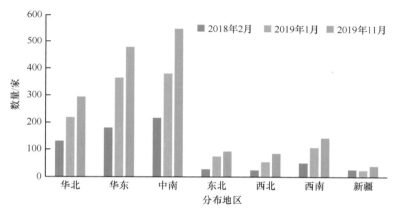

图 2-7　2018～2019 年中国无人机制造商地区分布
无人机厂家在华东和中南地区分布较多，增长较快

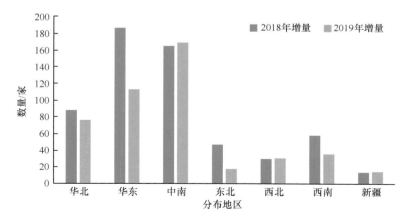

图 2-8　2018～2019 年新增无人机制造商地区分布
华北、华东、东北和西南地区无人机厂家增长数量均有较大下降

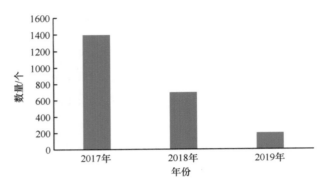

图 2-9　2017～2019 年新增无人机型号情况

量超过 100 架，有 7 个型号超过 1 万架，有 1025 个型号未注册无人机。无人机单个型号注册前 7 名均为大疆公司产品。国内无人机设计制造企业马太效应凸显，有向少数垄断企业集中的趋势。

　　在过去的一年里，民航局进一步加强无人机登记系统数据互联。在无人机实名登记和云系统、经营许可系统和无人驾驶航空器空中交通管理信息服务系统（UAS Traffic Management Information Service System，UTMISS）之间建立了数据接口，可对其他系统中用户填报的无人机数据进行实时校验，实现数据多流动，用户少跑腿的效果。2020 年 5 月 1 日，民航局颁布《轻小型民用无人机飞行动态数据管理规定》，规定自即日起，运行轻、小型民用无人机及植保无人机的单位和个人，均需接入 UTMISS 并实时报送飞行动态数据。未来民航局将以民用无人机管理系统（Unmanned Aircraft System Operation Management，UOM）为平台，将无人机登记作为 UOM 重要组成模块，继续推动无人机登记系统改进，实现无人机登记数据在 UOM 平台中数据共享和流通，并推动无人机登记数据与工信部、公安部和质检总局等兄弟部委之间的互联互通，为国家无人机管理建立稳固的数据平台。

　　作为阶段性回顾，综述以下三个方面特点。

　　第一，注重保护隐私、提高系统安全。从 2017 年 5 月民航局决定推出无人机实名登记系统，各部门抓紧时间开发和调试，实名登记系统在 5 月 18 日上线，仅用了半个月时间完成了系统开发。民航局根据系统运行中的问题，迅速改进系统中出现的缺陷和不足，保护用户隐私。为用户注册提供了安全的环境，相当于给用户吃了一颗定心丸。

第二，重视科技手段，方便用户使用。实名登记系统采用手机号码作为实名载体，用户可自助申请、系统自动审核、审核通过后自动获取登记标志。二维码登记标志是实名登记系统管理核心，实现了实时查询无人机实名登记信息。

　　第三，开发系统接口，实现数据流通。为方便无人机用户登记，提高无人机注册数据准确性，民航局与国内无人机厂家合作，开发了与无人机厂家的接口。通过接口，无人机用户在完成无人机激活时，仅需要填写少量用户个人信息，就可以同步完成无人机实名登记。该接口的应用减少了用户填报无人机信息的数量，并提高了填报数据的准确性，还提高了用户注册时的满意度。目前国内大疆创新等无人机公司已经开始使用接口，取得满意的效果，并在全国逐步推广。

　　随着国家对无人机管理工作的推进，无人机实名登记系统将持续改进以满足用户和相关部门的需求。目前改进的方向主要为以下三个方面：

　　第一，进一步加强系统支持服务。由于实名登记是互联网服务系统，无人机用户在实名登记中碰到多种问题，民航局组织人员对无人机实名系统提供支持，并为无人机用户提供咨询等服务。

　　第二，加强系统数据互联。民航局在无人机实名登记和经营许可系统之间建立了数据接口，对经营许可系统中用户填报的无人机数据进行实时校验，实现数据多流动，用户少跑腿。未来将继续推广与其他系统的接口，实现无人机实名登记数据流动和共享。

　　第三，摸索厂家管理新思路。由于无人机注册用户和无人机厂家远远超过有人飞机的规模，因此对无人机管理必须寻找新的思路，无人机实名登记系统为无人机管理提供了一个成功的案例。未来无人机管理更多将以信息系统为手段，依靠无人机制造厂家开展无人机实名登记和适航管理。

第 3 章

时空信息与通信基础性技术

本章主要对支持无人机管理的系列基础性技术进行了总结与介绍。主要内容包括时间和空间基准的统一方法、可用于无人机监管规划的地理网格剖分和编码技术、与精准位置服务相关的无人机状态管理与推送式位置服务、低空航图制作技术、低空空域精细划分关键技术，以及无人机多模式通信技术等。

3.1　时空基准

时空基准是确定一切地理空间信息几何形态和时空分布的基础，为这些数据的生产和应用提供计算所需的时间维度和空间维度标准，能够描述地理要素在真实世界的空间位置及其时空变化特征。无人机安全、高效运行与行业运用，自身不但需要精准时空信息，也需要对环境特别是地理环境、空域环境有准确感知。因此无论是无人机，还是操控手，或是云端系统，都需要掌握大量的时空信息，并有掌握这些信息的手段，还要有这些信息的结合表达方式供决策。由此，统一的时空基准至关重要。建设和实施统一的时间和空间参考基准，是一体化、协同的无人机系统运行的重要基础，也是实现民用无人机监管的主要基础。时空基准的统一必须明确各无人机系统所使用的各种空间基准和时间基准，以及各种不同基准系统之间的转换模型。

3.1.1　空间信息的基准统一

空间基准是地理空间维度上的基本参考依据和度量的起算

数据，包括大地基准、高程基准、深度基准、重力基准、磁力基准。空间基准的确定和统一是通过地球椭球体来实现的。众所周知，地球表面是一个凸凹不平的表面，无法测量和制图。假想用一个扁率极小的椭圆，绕大地球体短轴旋转形成一个地球椭球体，这个地球椭球体表面是一个规则的数学表面，可以用数学公式表达，在地球椭球体上进行测量和制图就能解决在地球自然表面测量和制图的问题，实现物理世界中地理空间的度量。

自科学家们对地球测量开始至今，世界上已经存在 50 多种地球椭球体。世界各国出于国土测量、航天应用等目的，采用了不同的地球椭球体，如中国采用 2000 国家大地坐标系（CGCS2000）作为地球椭球体、美国采用世界大地坐标系（WGS 84）作为地球椭球体。实现空间基准的统一不仅是地球椭球体的统一，包括大地基准之间、高程基准之间、深度基准之间、重力基准之间、磁力基准之间，还应当包括不同基准之间的统一，并以大地基准为基础进行不同基准之间的统一。此外，为实现不同坐标系之间的表达统一，需以大地坐标系为基础，进行大地坐标系与天球坐标系统、轨道坐标系统、深空探测坐标系统、行星和月球探测坐标系统之间的统一（图 3-1）。

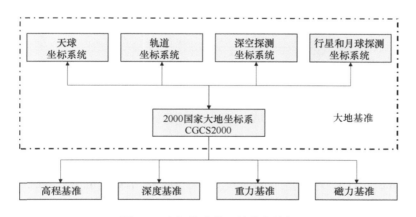

图 3-1 空间基准统一的基本途径

从空间基准的物化形态上看，除了各种定义的椭球体参数、坐标系统参数与计算转换模型外，另外还包括各类供人和机器使用的空间基准数据，以地图提供定向定位所需的地理框架，并在这个地理框架基础上以定位提供物理世界的空间分布信息，在计算机世界通过映射能够为人构建虚拟的物理世界，地图产品主要包括数字正射影像图、数字高程模型、数字栅格地图、数字线划地图等 4D 产品，定位产品主要包括卫星导航接收芯片、卫星导航 OEM 板、电子导航地图、车载导航仪、卫星导航监控终端、高精度接收机等。

世界各国还需要保持空间基准的统一，并以服务的方式为本国提供统一的空间基准服务。目前，空间基准的服务形式除了各类空间坐标的解算服务之外，广义上来说还包括各种网络地图服务，网络地图服务商有谷歌、微软、高德、腾讯、百度、天地图等。这些服务商将空间基准以地图产品服务的形式，通过网络传输，服务于广泛的用户，包括数字正射影像图、数字高程模型、数字栅格地图、数字线划地图等。

出于国家空间安全保密的需要，我国互联网公开使用的数字地图都是基于加密的空间坐标系进行数据处理，无人机飞行位置数据调用地图平台坐标加密接口实现与地图数据空间位置一致性匹配，从而实现无人机飞行位置信息在特定加密空间坐标系中的空间基准统一。另外在特殊应用场景下也可通过国家主管部门建立加密坐标系与标准坐标系之间换算模型和解算公式，实现空间坐标加密的互联网公开地图到标准坐标系下的地图转换，从而支撑无人机飞行位置数据与标准无偏移地图的直接叠加，实现空间基准的统一。

3.1.2　时间信息的基准统一

时间基准是一套时间统一系统，为测控系统提供统一标准时间信号和标准频率信号的系统，主要包括时间历元、时间参考、时间频率。协调世界时（Universal Time Coordinated，UTC）体系是由国际计量局（Bureau International des Poids et Mesures，BIPM）和国际地球自转及参照系服务（International Earth Rotation and Reference Systems Service，IERS）共同保持的时间尺度，以原子时（International Atomic Time，IAT）秒长为时间频率基准，在时刻上尽量接近于世界时（Universal Time，UT），即国际时间基准，是世界各国时间服务的基础。世界各国以性能优异的原子钟建立并保持着本国的时间体系，GPS 时间是美国的一种时间基准，GLONASS 是俄罗斯的一种时间基准，北斗时间是中国的一种时间基准。

建立信息化无人机系统时间表示统一的基本途径有两种：一是根据所采用时标的定义，利用高稳定度的原子钟实现高稳定度的时间尺度（秒长）和频率基准；二是根据同时性的定义，利用先进的时间比对技术建立标准的时间（标准时刻和秒长）和频率，给出终端设备的时钟相对于标准钟的差值并作适当调整，并能将在某地实现的标准时频传递推广到整个无人机运行空间（标准时间的授时手段如图 3-2 所示）。以物化的产品形态看，时间基准主要面向对象是人和机器，并为其提供时间信息，产品主要有网络时频产品、通信时频产品、电力系统时钟产品、专用时频产品、低频时码产品、其他产品等六类，以硬件设备为主。

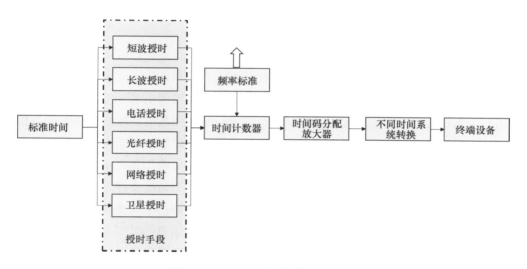

图 3-2　无人机标准时间的授时手段

不同的时间系统分别采用地球自转、地球公转、原子内部能级跃迁等不同现象作为基准，时间系统之间在时间刻度、稳定性存在差异，在时间的表达方式上也具有多样性，这些在守时、授时、表达方式上的多样性，会带来时间信息的不一致，在无人机系统运行时、特别是协同组网运行时需要对时间统一归化。世界各国都需要保持时间基准统一，并通过短波、长波、电话网、互联网、卫星等各种手段将标准的时间信号送达用户。目前，卫星导航系统时间尺度是由地面主控站、监测站的原子钟以及卫星上的星载原子钟共同建立和维持，其时间尺度由地面和星载原子钟经过时间尺度算法计算得到。世界各国的授时业务主要由本国的授时中心提供，中国科学院国家授时中心（陕西天文台）承担中国的授时任务，保持着国内高精度的原子时基准，负责目前由陕西天文台（CSAO）、上海天文台（SO）、北京天文台（BAO）、测量与地球物理研究所武昌时辰站（WT0）和北京无线电计量测试研究所（BIRM）共同组成的国内综合原子时 TA（JATC）的归算工作，通过专用长、短波授时台发播我国的标准时间与标准频率信号，并向用户提供广泛的授时业务信息。

3.1.3 无人机监管运行中的时空基准

为应对无人机应用与低空安全的矛盾，无人机监管需求应运而生。统一的时空基准已成为无人机系统运行中的导航、定位、约束飞行控制、远程实时监控所必须遵循的基本标准，从管控的角度所有的无人机系统都必须在统一的时空基准框架内运行。

在无人机监管应用中，无人机飞行的实时位置通过卫星导航定位模块获取，并利用通信技术将时间信息和实时位置传输到无人机系统中。无人机系统将接收到的通信信号进行解码，然后通过网络传输的方式将时间信息和空间位置信息推送到无人机云系统中。在云系统中基于全球统一的坐标系统、标准的 4D 产品构建无人机运行监控所需的时空基准统一环境，通过将接收到的无人机运行时间信息、空间坐标按照统一的时间参考与空间坐标系归一化叠加在电子地图上，实现统一时空基准下的无人机运行状态标定，从飞行监管的角度支撑无人机与无人机之间、无人机与管控区域之间一致位置关系的正确理解，从而实现在统一的时空框架中将无人机群飞行状态信息与管控区域飞行约束信息的时空融合，构建一张无人机运行态势图，实现分布式广域网环境下的无人机群实时飞行监控。

3.2 地理网格技术

利用地理网格技术支撑无人机运行管理，可以将空间和时间通过网格化的标识，提高无人机的管理效率，能够在多目标、高动态、复杂环境中进行应用，是无人机航路规划运行与管理的重要技术手段。

3.2.1 网格剖分基本方法

1. 二维网格剖分方法

（1）经纬度剖分网格

经纬度网格是在地球表面按照特定的经度、纬度间隔递归划分得到的多层次网格。国内外已有的数字地球产品或系统中，如美国佐治亚州技术学院研制的虚拟地理信息系统（Geographic Information System，GIS）、美国国家航空航天局（National Aeronautics and Space Administration，NASA）研发的科学数据浏览平台

WorldWind、Google 公司的数字地球软件 Google Earth、美国 Skyline 公司研发的三维地理信息平台 Skyline Globe、美国 ESRI 公司的数字地球软件 ArcGlobe、国内的数字地球公共信息平台天地图等，都是采用经纬度网格系统。经纬度剖分网格根据实际应用需求可采用不同的划分方式。常见方式包括等面积划分和等经纬差划分等。基于经纬度网格的划分方式与现有基于传统地形图分幅的空间数据具有较好的兼容性，且空间索引结构相对简单。

（2）多面体离散剖分网格

国内外研究人员已经对基于多面体的地球网格划分进行了深入的研究。常用的划分方式主要有正四面体、正六面体、正八面体、正十二面体和正二十面体，也被统一称为柏拉图多面体（Plato Polyhedron），可以应用于建立全球离散网格模型（Fisher and Miller，1944）。也有学者采用阿基米德多面体（半正多面体），如切顶二十面体（足球形）等来建立网格。多面体全球离散网格建立的原理是，将多面体嵌入地球内作为球面划分的基础，多面体的顶点投影到球面形成球面多边形（三角形、五边形、正六边形等），从而构成能够覆盖整个地球表面的剖分网格框架。在此框架下，各多边形需按特定规则继续细分，最终形成具有多尺度、无缝无叠、全球覆盖的空间几何结构。多面体离散网格利用规则的球面几何，可以进行多级的递归划分，并通过严格的数学划分规则实现地球球面更均匀的空间划分，并表达出多尺度的球面空间（Sahr et al.，2003）。

（3）基于投影平面的网格体系

基于投影平面的网格体系的典型代表是方里网，它可以反映局部地理空间的距离、角度等空间关系。在我国地形图中，方里网由平行于投影坐标轴的平行线构成，数学基础是高斯克吕格投影。方里网属于距离划分系统，主要依据当前位置到原点的距离来进行距离标注，一般只在小范围的投影带内定义，在该范围内球面几乎可以完全近似平面。很多国家的基础地理网格均基于方里网体系构建，如美国、澳大利亚、比利时、英国、芬兰、爱尔兰、意大利、荷兰、新西兰及瑞士等国家。基于地图投影的平面剖分网格空间数学基础，剖分规则清楚，能够满足中小规模空间信息处理、表达和分析的要求，并与现有的空间信息组织方法兼容。因此，空间坐标数据库、数据模型、技术手段和过程可以很容易地移植。

2. 立体网格剖分方法

立体网格剖分的研究目前大多是伴随某一具体应用进行，较为常见的应用领域是地球内部构造研究，为了处理海量地学数据，学者们常会将地球内部划分成网格，如 Stemmer 等（2006）在研究地壳内部对流时，将单位球体的球面投影到一个单位立方体的六个面后进行网格划分，其网格的边界基本上是近似正交的，只是在立方体六个面的交界处，网格边界形成 120°角。这种面向单位球体的网格划分方法可以被拉伸到任意的半径尺度，从而形成描述地壳的完整的三维网格。

Stadler 等（2010）为了便于并行高效的处理全球版块构造和地幔流动数据，将地幔部分划分为 24 个弯曲的立方体，采用自适应网格的方法将这些立方体各自划分为从 1~50km 的多层次子网格，并使用八叉树数据结构进行组织，在全球范围内形成由多个八叉树构成的森林结构，从而提高了数据处理的效率。Ballard 等（2009）基于二十面体的三角形网格，从地球非连续面出发设计了一种多分辨率三维网格并构建了全球地震波三维速度场模型。其模型包括了从地核到地表的六个地震波速率层，不同层内的划分粒度也不同，越接近地表，划分粒度越细。在 GIS 研究领域，针对三维 GIS 数据建模学者们也提出了一些局部立体网格的方案。真3DGIS 数据模型广泛采用体模型建模，体模型实质上是一种三维网格，包括规则网格和不规则网格，如体素模型、八叉树模型、四面体网格模型、三棱柱和广义三棱柱。

除上述结合具体应用的网格模型外，针对地球空间立体剖分网格也有相关进展，例如 QuaPA 网格（吴立新和史文中，2003；吴立新等，2007）和 SDOG 模型（吴立新和余接情，2009），试图为全球空间数据集成组织与检索、多层次空间建模与可视化、地球系统科学研究等提供统一的地球空间基础框架。

3.2.2　GeoSOT 剖分框架

1. GeoSOT-2D 剖分原理

北京大学提出一种将地球表面空间剖分为网格的剖分与编码方法 GeoSOT（Geo Graphical Coordinates Subdividing Grid with One Dimension Integral Coding on 2^n-Tree，GeoSOT），全称为"2^n 及整型一维数组的全球经纬度剖分网格"（程承旗等，2012，2015）。GeoSOT 网格属于等经纬度的四叉树剖分网格体系，GeoSOT 剖分 0 级网格定义为以赤道与本初子午线交点为中心点的 512°×512°方格，0 级网格编码为 G，含义为全球（Globe）。GeoSOT 剖分 1 级网格在 0 级网格基础上平均分为四份，每个 1 级网格大小为 256°×256°，网格编码为 Gd[图 3-3（a）]。GeoSOT

剖分 2 级网格在 1 级网格基础上平均分为四份，每个 2 级网格大小 128°×128°，网格编码为 *Gdd*［图 3-3（b）］。GeoSOT 剖分 3 级网格在 2 级网格基础上平均分为 4 份，每个 3 级网格大小为 64°×64°，网格编码为 *Gddd*。以下剖分层次按照四叉树剖分原则以此类推（程承旗等，2012；杨宇博等，2014）。

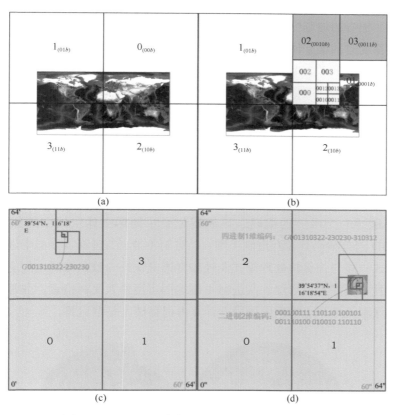

图 3-3　GeoSOT 二维剖分示意图（程承旗，2012）

GeoSOT 剖分 9 级网格大小为 1°×1°，9 级以上网格为 GeoSOT "度"级网格，第 10～15 级网格为 "分"级网格。"分"级面片起始点为 9 级网格的 1°面片（或 60′面片），编号连续，网格的起始数值空间大小由 60′外延到 64′，GeoSOT 10 级剖分网格以 64′×64′大小平均分为四份，每个 10 级网格大小为 32′×32′，网格编码为 *Gddddddddd-m*，其中 *d*、*m* 为取值 0、1、2 或 3 的四进制数。10～15 级网格为 "分"级网格，剖分大小和编码形式按照上述规则递归［图 3-3（c）］（韩海东等，2014）。16～21 级为 "秒"级网格，"秒"级网格剖分方式参照分级网格，即 15

级 1′×1′面片的值域范围外延为 64″×64″，上述各级面片均按照四分法进行剖分
[图 3-3（d）]。秒以下 22～32 级网格严格按照四分法进行剖分和编码。

2. GeoSOT-3D 剖分原理

在二维网格的基础上引入高度维，将高程信息映射为 512°，覆盖上至 5 万 km
高空、下至地心的地球空间；在此基础上，构建八叉树网格，形成从地心到地球
外围最大高度的三维立体地球空间剖分网格 GeoSOT-3D。当 GeoSOT-3D 地球空
间剖分网格高度维（大地高）为 0 时，三维立体地球空间剖分网格框架就变为二
维地球球面上的剖分网格框架，两者天然映射。立体剖分的过程本质上是该剖分
空间的八叉树划分（金安和程承旗，2013）。

GeoSOT-3D 剖分体元无缝无叠地覆盖整个地球空间，每一个 GeoSOT-3D 剖
分体元都具有确定的空间位置和空间范围。其空间体元结构简单（图 3-4），由于
剖分采用的是八叉树向下剖分的策略，相邻层级之间易于聚合和拆解（翟卫欣等，
2016）。GeoSOT-3D 编码是对空间剖分体元的编码，即为每一层级的任意一个空
间体块都赋予一个唯一的编码。该编码记录了地球立体空间中的任意位置。
GeoSOT-3D 剖分编码具有八进制 1 维、二进制 1 维、二进制 3 维与十进制 2 维四
种编码形式，能与计算机处理模式及经纬度语义保持一致，编码之间能够进行快
速转换，具有较好的灵活性。八进制 1 维编码可用作八叉树检索，非常便于人机
交互。二进制 1 维和 3 维编码可用于计算内部存储、整型运算。

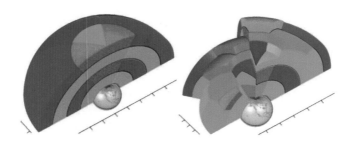

图 3-4　GeoSOT 三维剖分示意图（程承旗，2012）

3. GeoSOT-3D 剖分框架优势

（1）GeoSOT-3D 剖分框架是全球统一剖分的参考框架

GeoSOT-3D 空间剖分框架是在 GeoSOT 基础上发展起来的一种全球离散体元
的框架。它是以 CGCS2000 地球参考椭球为剖分椭球，以大地高作为高程基准的

框架，对上至地球约 5 万 km 高空下至地心的全部地球空间实行无缝无叠、多尺度的剖分。

（2）GeoSOT-3D 剖分框架是二三维一致的空间参考框架

GeoSOT-3D 空间剖分框架是依据 CGCS2000 参考椭球建立的，当高度值等于地球表面高度时，GeoSOT-3D 空间框架退化为 GeoSOT 框架。因此，GeoSOT-3D 空间剖分框架本身具有二三维一致性，也就是说，GeoSOT-3D 剖分框架具有继承性。这样在地球表面信息的处理中，可以依据需要选择采用二维数据模型或三维数据模型。

（3）GeoSOT-3D 剖分框架易于空间实体数据建模

GeoSOT-3D 剖分体元无缝无叠地覆盖整个地球空间，每一个 GeoSOT-3D 剖分体元都具有确定的空间位置和空间范围。以此作为空间实体数据模型基础，其不含有传统空间管理系统中的点、线、面、层、体等的概念。空间中的任意对象均可以由一个或多个剖分体块聚合而成。

4. GeoSOT-3D 剖分编码的优势

（1）编码的全球唯一性

GeoSOT-3D 剖分编码的基本目的是为了实现离散立体空间中 GeoSOT-3D 剖分体元的空间唯一标识，即设计一套特定的规则使编码的使用者在获取编码后可以直接定位到与编码相关联的剖分体元所代表的立体空间区域。剖分编码的唯一性主要体现在两个方面：首先，依据特定剖分编码可定位到唯一的空间剖分体元；其次，对指定的剖分体元进行编码所得到的结果也唯一，即剖分框架划分出的剖分体元与剖分编码本身二者之间是一一对应的关系。剖分编码的全球唯一性，可以避免位置描述的不确定性，也利于提高编码的计算效率。

（2）编码多尺度性

GeoSOT-3D 体元编码同时包含了空间体元的空间坐标信息和剖分层级，其中剖分层级反映了剖分体元的空间粒度，描述了体元空间位置的数据精度。同一空间区域不同剖分层级编码间存在包含关系，编码具有多尺度特性，以此为基础构建真三维剖分数据模型也具有了多尺度特征，进而可以实现不同尺度目标间的管理。

（3）编码的二进制一维整型特性

GeoSOT-3D 剖分体元编码将体元所在位置的经纬高三维信息转换成二进制一维整型编码，使高度具有和经纬度相同的存储方式，不再以属性的形式存在，同时将三维空间信息转换成一维编码实现了空间位置信息的降维。易于高效的存储和快速计算。如果使用空间网格来管理无人机，选取适当的层级，使得在每一时刻的无人机均与网格进行空间关联，则该网格编码和其周围邻域的网格编码均为已知的，无人机的邻域计算简化为编码比对，效率大大提高。

3.2.3 空间网格在无人机空间监管的应用

由于导航设备、管制人员、管理系统性能等多方面的综合能力限制，对于不同繁忙程度及流量管理需求的空域，需要实现有效的资源分配，以保证低空空域的最高效使用及管理手段的合理利用。我国的低空空域主要分为管制区、监视区、报告区和目视飞行航线等四类空域。同时，与传统空域使用相比，低空空域具有灵活性高、低速近程等特点，在低空空域进行无人机管理时需要充分考虑自身特点。

1. 航路航线及交叉点

航路指的是根据地面导航设施而建立的供飞行器飞行使用的具有一定宽度的空域，以连接各个导航设施的直线为中心，具有规定的上下限和宽高；而航线则是指飞行器飞行的路线，确定飞行的具体方向、起终点和经停点。因此，航路是具有宽度并且较为繁忙的航线，国家统一为较为繁忙的空中路线设立航路，飞行器间采取侧向偏置的方式解决冲突问题（朱大为，2011）。

低空航路在低空空域网格态势图模型中以航线段相互连接表示，颜色以线路标识色表示，水平范围具有一定宽度的表示航路，不具有宽度的表示航线（图3-5）。航路航线的交叉点指的是多条航路航线的汇聚点，航路交叉点的容量是影响航路整体容量的关键因素之一（王莉莉和张潇潇，2015）。两飞行器在同时经过航路交叉点时应进行排序并保持间隔，上升或下降一定高度以确保顺利交错。对应的航路航线交叉点可以采用三维网格的排列来表示与标识（图3-6）。

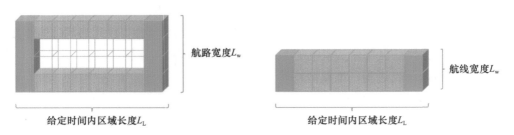

图 3-5 航路航线空域网格表达示意图（杨肖宁，2018）

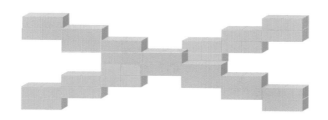

图 3-6　航路航线交叉点网格表达示意图（杨肖宁，2018）

2. 管制空域

管制空域由大量的位置报告点、导航台等设施组成的航路点（韩松臣等，2003），以及连接各航路点的航路航线组成，管控系统中包括相应航路点的代码、坐标、航路航线代码、航线途径的航路点代码等数据。通常情况下，区域管制区或终端（进近）管制区被划分为两个或两个以上的区域，则每个区域被称之为一个管制扇区。划分扇区的需求点在于管制员的工作负荷较大，所以将管制区的工作负荷分配给多个席位，以减轻管制员的工作负担并减少陆空通信频率的拥挤情况。管制扇区的划分是根据空域结构、飞行流量、航路航线位置关系、飞行需求等多方面因素决定，划分后的区域为不规则的凸多边形，可以转化为邻接的网格来标识（图 3-7）。低空空域管制空域与其他区块空域的网格化表达方式相同，可以在态势图模型中以不同的标识色表示，并用标识色的深浅表示管制区的层级高低。

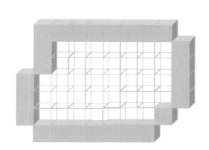

图 3-7　管制扇区网格表达示意图（杨肖宁，2018）

3. 低空空域路径规划方法

道路上的汽车以实时路径导航为主，可以在不确定目的地或可随时改变目的地的情况下实时规划路径，但对于飞行器而言，实时路径规划具有较高的安全性要求，易引起两个飞行器间的碰撞，从而造成严重的事故，所以本书设定的飞行条件是在飞行器起飞前为其规划好一条预设的道路，而在飞行过程中如果出现突发情况，则及时采取重新规划策略更换路径。

　　传统的路径规划根据数据的不同可以分为矢量地图路径规划和栅格地图路径规划。矢量地图路径规划主要应用于有路网区域，如城市的道路环境，矢量数据以道路数据为主；而栅格地图可针对更为复杂的无路网环境，将一个区域的栅格化图像通过影像识别、分析等技术转换成以栅格障碍物与非障碍物构成的地图，由于障碍物的位置分布可能缺乏规律性，所以路径规划算法更为复杂。

　　低空空域网格与栅格地图较为接近（图 3-8），两者都具有网格形态、障碍物分布较为随机等特点，但是由于态势图的动态网格属性及飞行器的飞行特性，基于低空空域网格的路径规划需要更多方面的考虑。

图 3-8　传统栅格地图与态势图地图对比示意图（杨肖宁，2018）

4. 态势图网格动态占用性

　　在传统的飞行器路径规划中，为保证飞行器之间不发生碰撞，通常采用两种方式：一种方法是为飞行器划定高度层和较大间隔的航路，每个飞行器具有一个固定的高度层和一个相对较为固定的飞行区域，其他飞行器不得进入，但是该方法造成较大的飞行空域浪费；另一种方法是多飞行器的协同路径规划，可以保证多个飞行器分别完成相应任务且不发生碰撞，但是该方法的计算复杂度较大，且由于复杂性问题，三维空间下的考虑因素较少，难以满足实际的路径规划需求。

　　态势图网格地图中可以同时解决安全性和计算复杂度两方面的问题。在传统栅格地图中，网格的属性只有障碍物和非障碍物，而在网格中，网格的占用与否是随着飞行器的轨迹动态变化的，当飞行器进入某一网格时，该网格为被占用状态，当飞行器离开它时，则该网格为未占用状态。每个网格具有一个列表，列表中的每一项记录着某飞行器从何时到何时占用该网格。在飞行器路径规划时首先通过路径规划算法生成一条路径，通过网格的占用性动态变化，可以通过查表获得每一时刻网格的占用情况。该方式不仅考虑到飞行的安全性，即所有飞行器的预设路线都记录在数据库中，并反映在网格占用性上，在规划新路径时会综合考虑到并避免碰撞发生，且将复杂的多飞行器的相对位置计算以及运动轨迹计算转换成数据库查询这一简单操作，降低了计算的复杂度。

5. 缓冲区网格化表达

在大多数情况下，飞行器可以被当作质点处理，但在路径规划相关问题中，飞行器为避免相撞除了考虑其质点情况下经过的网格编码时间序列，还需要考虑飞行器的缓冲区。缓冲区由两部分组成，固定的内部缓冲区是飞行器自身的体积，即首先不能与飞行器机身相撞，可变的外围缓冲区是根据飞行器速度得到的可变的外包矩形。

缓冲区的迁移是根据飞行器的运动方向依次迭代的，当飞行器的飞行方向垂直于网格边界，每往前行进一个网格距离，缓冲区的前侧向前增加一排网格，而缓冲区的后侧减少一排网格；而飞行方向不垂直于网格边界时，缓冲区内的网格变化需要单个处理，即根据飞行器的移动方向，以右上方向为例，每个缓冲区内的网格当前状态复制到右上方的网格改变其占用性，而该网格状态由左下方向的网格状态替代，如此将缓冲区内的网格全部迭代完成，该方法可以实现任意方向的缓冲区迁移（图 3-9）。

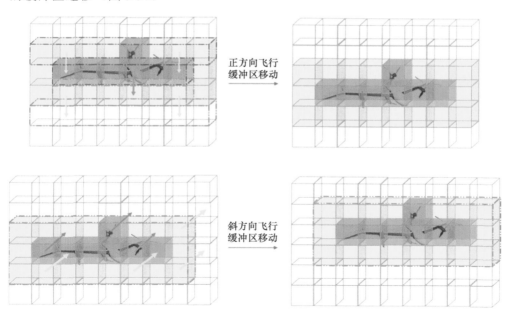

图 3-9　网格动态缓冲区示意图（杨肖宁，2018）

在数据库中，由于网格数据是根据地理位置相邻存储的，所以可以快速找到新加入缓冲区的网格更改其网格占用性，而其他缓冲区的网格只需要在原有位置上改变网格占用性，整个过程消耗的数据库查找时间较少，以数据修改代替数据库条目新增与删除，有利于数据库的高效存储和数据维护。

目前，网格技术已经在无人机路径规划中应用，如杨肖宁等（2018）基于GeoSOT 体系提出一种基于邻接节点聚合的多层级 MQA-A*栅格路径规划算法，以解决 A*算法耗损计算机资源问题。北大团队设计了基于 Web 的 GeoSOT 网格编码服务接口，在线提供地理数据的二维线和多边形打码、经纬度转网格等服务。中国科学院地理科学与资源研究所研发的"中科天路"（全称：无人机低空公共航路设计与管理平台）系统采用基于二/三维栅格地理数据的蚁群算法实现了无人机低空航路的在线计算（http：//192.168.250.121：9000）（图 3-10）。未来无人机管控技术发展，无论是航路规划、云端管控、空域融合等都离不开基于网格剖分技术的应用（第 6 章）。

图 3-10　中科天网系统示例航路规划结果示意图

3.3　无人机精准位置服务

无人机精准位置服务是面向无人机及使用者、与无人机实时位置相关的信息增值服务技术体系。它涉及传感器技术、通信技术、信息处理技术、智能控制技术及航空动力推进技术等，是多技术融合的产物。从地理信息角度看，无人机精准位置服务包括卫星导航定位与广域增强技术、地面目标快速三维遥感获取技术、航拍数据实时处理技术、基于位置与环境变化的信息推送技术、飞行路线调整与编队技术等，从该角度看可以认为是广义 GIS 技术（陆锋，2014）。无人机精准位置服务在各个领域应用前景广阔，如无人机植保应用、精准农业、电力巡检、警用执法、地质勘探、环境监测、森林防火等。由于国内通用航空起步较晚，无人机精准位置服务仍处于探索与研究阶段，还没有形成全国统一位置基准与无人机位置服务相关标准。本节分别从无人机轨迹/飞行状态实时感知与快速查询服务、地理围栏依赖的无人机自适应推送式位置服务、无人机航迹自动规划与智能协同优化服务、无人机精准位置服务中隐私处理技术等几个方面进行介绍。

3.3.1　无人机轨迹/飞行状态实时感知与快速查询服务

无人机飞行会产生海量的移动轨迹数据与飞行状态数据，这些随时间变化的位置信息需要在数据库系统中高效管理，以支持无人机关于过去、现在甚至将来任意时刻的位置相关查询，以及深层次的时空模式分析。传统的数据库管理系统通常假设数据在没有显式更新前，属性值保持恒定，故而难以实现连续变化位置信息的动态管理与实时查询。目前需要建立无人机位置表达模型，解决数据表示与存储、位置记录索引、位置相关查询处理、位置相关连续查询、环境感知的查询处理，以及深层次时空模式分析等技术问题。无人机空间轨迹/飞行状态实时感知与快速查询服务主要包含以下几个方面。

1）无人机飞行状态实时感知与分布式查询技术。无人机飞行状态的实时监控（轨迹是否正常、姿态是否正常等）对无人机的日常管理维护至关重要。构建无人机实时状态的分布式信息采集平台，可采用 Scribe、Chukwa、Kafka、Flume 等搭建支持通过增加节点水平扩展的实时采集系统，同时构建飞行状态数据的分析系统，实现基于弹性扩展架构的无人机数据检索分析平台，支持多引擎、分布式并行计算和无人机实时监控分析等功能。

2）无人机实时飞行轨迹建模、索引与查询技术。需要研究无人机对象飞行轨迹时空数据模型，实现移动对象轨迹与地理围栏、空域管理语义信息集成表达方法；研究高效的海量移动无人机对象时空索引结构，实现选择查询、范围查询、邻近查询、连续查询等不同类型的移动对象查询方法。

3）无人机航拍数据管理与高性能计算。近年来，计算机软件硬件技术发生巨大变化，异构计算、内存计算、NoSQL、云计算等不断涌现，为大规模无人机航拍数据管理与高性能计算提供了难得的发展机遇。国内外学者进行了大量尝试与探索，并提出了许多重要的研究成果，如 MRGIS、Hadoop-GIS、CUDA-GIS 等。无人机航拍数据管理与高性能计算的发展趋势主要体现在以下几个方面：并行计算、闪存技术、新型数据管理技术和分布式计算。①在并行计算方面，核心任务是将复杂问题分成若干小任务去分别解决，有效利用多种计算资源来解决计算效率问题。同构并行计算是指在同种计算体系架构单元（如 CPU）上的并行计算，众多 SMT、CMP、SMP、MPP 及 MIC 等技术被提出，用以提高计算单元处理能力。异构并行计算是指利用不同类型的指令集与计算体系架构组成计算单元，常见的是 CPU、GPU 等异构计算单元。②在闪存技术方面，为摆脱机械硬盘读写速度 I/O 瓶颈问题，闪存技术逐渐成为重要数据存储解决方案。闪存具有读写速度快、功耗较低、抗震性好的特点，利用闪存高随机读写的访问特征，可以有效提高数据库的高并发性能及事务吞吐率，基于闪存的大规模移动对象管理是一热点研究方向。③在新型数据管理技术方面，针对现在数据采集能力爆发式增长，而数据查询分析越发困难的现状，促使数据管理技术的革命性变革，一些新数据管理技术出现，如 NoSQL 技术、混合数据库等。典型的数据管理系统包括 Cobar、Green Plum、Aster Data、HadoopDB 等。新型数据管理方案能够实现海量数据高效率存储与访问，且具有高扩展性与高并发的特点。④在分布式计算方面，业界不断提出新的分布式存储架构（如 GFS、FastDFS、GridFS、HDFS、MogileFS 等）及分布式编程模型（如 MapReduce、BSP 等）。相关产品如 Hadoop、Spark、Storm、Pregel、GraphChi 等不断成熟。

3.3.2 地理围栏依赖的无人机自适应推送式位置服务

地理围栏依赖的无人机自适应推送式位置服务指的是服务平台建立无人机智能推送算法模型，当无人机位置符合某些条件时，服务平台自动向无人机推送个性化信息服务。如当无人机进入、离开某个特定地理区域（地理围栏的详细介绍见 4.3 小节），或在该区域内活动时，以及无人机与位置相关的状态发生变化时，服务平台可以向无人机推送相关信息，如位置提示或者警告等，可以实现对特定无人机的监管，限定无人机的活动范围。地理围栏依赖的自适应推送式位置服务关键技术主要包含以下五个方面：

1）地理围栏自适应动态生成算法。地理围栏根据实时气象信息、地形地貌、土地利用、所在区域、飞行高度、飞行速度、飞行状态（如起飞状态、降落状态、平稳飞行状态等）、空管需求、无人机类型等多种约束条件自适应动态生成。需要根据不同环境和约束条件下实现地理围栏的自适应层次化空间表达方法，根据不同的环境和约束条件，对地理围栏所涉及的禁飞区、警示区、敏感区进行自适应调整。

2）无人机自适应地理围栏地理编码方法。在地理围栏管理中，利用地理围栏编码来代替传统的地理坐标计算至关重要。需要采用适应无人机系统的地理围栏编码与操作方法，给出编码与经纬度坐标的转换算法，实现无人机飞行空间域的三维无缝剖分，并定义多个地理围栏之间的空间域操作。

3）地理围栏空间索引与近邻搜索技术。索引结构是实现地理围栏快速检索的关键，需要构建地理围栏的高维索引结构，实现地理围栏的立体化空间结构索引，并支持地理围栏语义信息检索。地理围栏的近邻搜索是在空间索引及地理编码基础之上，支持对地理围栏的近邻扩张检索，能够在地理围栏的不同边界及方向上根据不同的围栏特征进行搜索。

4）无人机自适应地理围栏 LOD 分层数据组织技术。自适应动态地理围栏一方面要满足不同尺度、范围、多分辨率、多类型的无人机飞行监管高精度需求，同时也应满足无人机在诸多应用领域中日益增长的应用需求，如无人机环境变化监测、灾害应急预警等。亟需构建无人机自适应地理围栏 LOD 分层数据组织模型。

5）无人机自适应地理围栏实时可视化技术。地理围栏实时三维可视化是无人机空域监管的基础要求。采用大规模地理围栏的三维可视化方法，构建基于 GPU 的海量地理围栏实时绘制算法，充分挖掘 GPU 高速并行绘制能力，并采用渐进纹理更新技术，提高自适应地理围栏渲染效率。

3.3.3 无人机航迹自动规划与智能协同优化服务

无人机航线主要分为两类：一类是目前常用的自主规划；另一类是类似目前民航局已有的预设航路。其中一个提议是低空公共航路，详见第 6 章。这里主要说明自主规划航路。自主规划航路本质上是一次性的，没有寻常意义上"路"的概念，为了区别于公共航路，这里我们用航迹来表述。无人机航迹自动规划是根据任务目标，规划满足约束条件的无人机飞行轨迹，其目标是在适当的时间内计算出最优或次优的飞行轨迹，而且要求避开可能影响飞行的险要地形、恶劣气候和人工障碍等不利因素，以保证无人机的最大生存性并且能够在规定的时间段内到达预定或临时指定的任务目标区。当无人机在飞行过程中，面临可能会影响飞行的威胁场、恶劣气候等情况，或者已知的威胁、地形、气候等发生变化时，能够规划出新的飞行航迹并有能力完成全部指定的任务，即规划航迹必须达到所有的任务目标点。无人机航迹自动规划与智能协同优化服务主要包含以下两个方面。

1）无人机航迹自动规划。通常将其分为三个步骤：①静态参考航迹预规划；②局部航迹实时规划；③航迹平滑。静态参考航迹预规划是指在确定飞行环境下，无人机起飞前在地面控制站上进行的规划。所获得的航迹优劣依据预先得到的评价模型确定，通常考虑外部威胁代价、油耗代价等并要求满足无人机机动性能约束，并以此模型作为航迹优劣评判标准，最终得到一条最优航迹。局部航迹实时规划是指在无人机飞行中，面临可能存在突发威胁时，对参考航迹进行局部动态调整。由于在航迹规划阶段未考虑无人机机动性能约束，因此所得航迹往往实际不可飞，需要进行航迹平滑，根据已获得的航迹，采用某种算法进行平滑，使得无人机满足自身约束条件如最小转弯半径、最大爬升角等，航迹最终真实可飞，而已开展的航迹平滑算法主要有圆弧段串联法、地形光滑法、力平衡法、遗传/进化平滑算子法和滤波法等。

2）无人机航迹智能优化。随着计算机技术及人工智能技术的发展，无人机越来越智能化。采用群体智能、深度学习等人工智能技术，无人机可自动寻找、识别目标，确定攻击目标的优先顺序，并进行飞行航迹的自动决策，采用群体智能还可以实现无人机群任务调度优化及自组网、协同航迹规划和动态航迹规划（见第6章）。多种无人机航迹方案的优选也是亟待解决的问题，在多个方案进行优选决策时，均未考虑各因素之间相互关联的系统特性，因素互相关联共同影响系统特性且影响程度难以确定，在设计航迹方案优选决策过程中，如何对各影响因素进行评价与利用是航迹方案优选的关键。

3.3.4　无人机精准位置服务中隐私处理技术

位置隐私保护是无人机精准位置服务中容易忽视，但却是非常重要的问题。隐私保护与信息服务是一对矛盾，位置服务质量越高，位置隐私泄露风险越大，但提高位置隐私保护力度，会降低位置服务质量。因此位置隐私保护技术研究也越发重要。位置隐私保护包含位置隐私与查询隐私。位置隐私是指在未经授权的情况下，获取无人机的位置信息。查询隐私是指保护无人机查询过程中所涉及的敏感内容。隐私泄露途径包括三种：直接获取（Direct Communication），攻击者直接从位置服务器中获取无人机位置信息；观察（Observation），攻击者通过观察分析无人机行为信息从而获取相关位置信息；连接攻击（Link Attack），攻击者通过获取更多的背景知识从而确定无人机位置信息。无人机精准位置服务中隐私处理技术主要包含以下几个方面：位置隐私保护系统架构研究、位置匿名研究及查询处理技术研究。

1）在位置隐私保护系统架构研究方面，现有位置隐私保护系统架构包括独立结构、中心服务器结构、分布式点对点结构。独立结构是指客户端与数据库服务器在同一台设备上，无人机根据自身的隐私保护需求完成位置匿名过程，不需要与其他服务器进行交换。中心服务器结构是指在无人机与数据库服务器基础上，安装单独的第三方匿名服务器，无人机将位置信息提交给匿名服务器，完成匿名处理过程。分布式点对点架构是指每个节点之间具有平等性，都能够完成位置匿名的过程，此外，还可通过匿名组来完成无人机成员匿名。

2）在位置匿名研究方面，主要位置匿名方法有 3 种：虚拟位置、空间匿名和时空匿名。虚拟位置是指利用虚拟位置来代替真实位置；空间匿名是指通过降低空间粒度或者通过空间加密的方式；时空匿名是在空间匿名的基础之上，通过添加时间匿名信息，提高位置匿名精度。位置匿名的目的是保证无法将某一位置信息与确定的无人机、组织机构相匹配，经典位置匿名模型有空间划分匿名模型、动态匿名模型等。

3）在位置隐私保护查询处理技术研究方面，当系统采用位置隐私保护时，位置信息经过匿名处理，不再是无人机的真实位置，因此相关查询处理技术需要修改。隐私保护下的查询处理技术主要采取两种策略：一方面如果位置匿名技术采用虚拟位置，则原有查询处理技术不需要改变；另一方面，如果位置匿名技术采用空间匿名或者时空匿名，服务器已经不能够获取精确的位置点，而是位置范围等，则在查询处理过程中需要详细区分服务器端哪些数据是公用数据，哪些数据是隐私数据，此外，查询结果也从精确的查询结果集转变为概率查询结果集。

随着无人机精准位置服务应用不断增多，位置隐私保护技术研究越来越严峻。除了上述研究内容外，未来位置隐私保护研究方向包括：混合技术隐私保护技术，即现有隐私保护技术往往仅能保证在特定的应用环境下保证无人机位置安全，匿名手段单一，后续应采用时空加密、时空匿名等混合的匿名技术；位置匿名评估研究，现有研究工作大都专注隐私保护技术，缺乏对匿名算法好坏的评估标准，尤其缺乏匿名成功率、匿名处理效率及位置服务质量等评价标准。

3.4　低空航图制作

无论是民用无人机的自主导航飞行还是人为操控飞行，都需要有完善的低空航图作为基础的地面环境信息参考和飞行管理的支撑，从而为低空飞行安全提供基础信息保障。从航图的使用功能、信息表达和可视化制图方式等角度来看，与低空航图较为接近的是当前通用航空领域所使用的目视航图。国外通用航空领域起步较早，发展相对完善，已经有以美国联邦航空管理局生产的目视飞行规则（Visual Flight Rules，VFR）航图为代表的较为成熟的产品（FAA，2018），并被广泛使用在通用航空飞行管理中，发挥着十分重要的基础信息保障、航线规划和飞行辅助支撑作用。由于国内通用航空起步较晚，目前有关 VFR 航图的标准和制作技术仍处在探索与研究阶段，还没有形成标准的目视航图产品。鉴于民用无人机可以预见的发展趋势，研究制作适用于民用无人机飞行使用的 VFR 低空航图及其标准化产品是支持该领域未来发展与实现高效管理的重要基础。本节将分别从低空航图的制图数据基础、制图要素组成、制图基本原则和制图关键技术等几个方面进行介绍。

3.4.1　制图数据基础

从用于低空航图制作的数据组成来看，主要包括基础的地理信息数据、地表障碍物分布数据和空域信息数据三个主要部分。其中基础的地理信息数据包括航图中所要表达的自然地物和人造地物两个大的类别。自然地物主要包括地形地貌数据和水文地理数据，地形地貌数据通常以等高线和数字高程模型为基础，而水文地理数据通常是以线状和面状的矢量图形进行存储和表达的，包括河流水系、海岸水系、湖泊、水库、池塘、瀑布与跌水，以及积雪覆盖区等。有时也需要顾及一些特殊的与低空飞行直接相关的土地覆被类型，如沙漠、戈壁和农田等。人造地物的组成和类别相对比较复杂，通常低空航图需要将覆盖区域内的所有具有显著人文特征的并且能够影响民用无人机飞行的人造地物进行数据的采集和可视表达。一般来说主要包括不同级别的居民点、不同等级的公路、不同类型的铁路、不同规模的工矿用地、不同类型的管线、机场、港口码头、堤坝、遗迹、开放式游览和活动区，以及其他具有明显人类活动特征的地物和场所。障碍物分布数据通常包含了超出周围地形一定高度的能够对低空飞行造成潜在危险的人造地表突出物，如发射塔、瞭望台、烟囱、高压线塔、甚至部分高层建筑等，对于地表障碍物来说，精准的地理位置坐标和精确的相对高度数据是非常重要的，也是低空航图中需要重点表达的信息。空域信息数据是指空域管理部门对整个空域进行的类型区划信息，不同类别的空域具有不同的用途、限制和标识。此外，在某些特殊的区域，还需要有其他类型的航路航线数据，以及无线电导航设施数据等，低空航图同样需要对这些信息进行可视化展现。

3.4.2　制图要素组成

低空航图本质上属于一种具有专门用途的地图，在基本的制图要素方面，如地图坐标系统、图幅设置、边界表达、图廓表达、比例尺、图例与注释等，与一般的标准地图并无本质的差别，都需要遵守相应的国家地图标准和制图规范。因此，在这里主要针对低空航图特有的需要进行制图表达的要素进行讨论。从上述有关制图数据基础的论述来看，虽然用于低空航图制作的数据非常多样化，但从制图表达方式和制图技术使用的角度来看，可以将其分为以下六种不同的制图要素类型。

第一种为栅格要素类型，是用于地形地貌表达的数字高程数据，也是低空航图中的底层要素，主要展现整个制图区域背景的地形高度和起伏状况。在制图的过程中，通常根据地形高程数值采用分层设色的方法来表现，为了增强视觉效果和图面的清晰可读程度，还需叠加地形阴影和设置一定的透明度。此外，分层设色的高程间距和对应的颜色过渡要体现地形立体的透视感和起伏的差异性，特别在一些起伏度较大的山区，地形所表达的直观视觉效果显得尤为重要。高分辨率遥感影像由于突出的地表细节信息，也可以作为基础的纹理数据应用在低空航图的绘制中，但具体的处理方式和实际使用效果还需要通过实验来进行设计和验证。

第二种为点状要素类型，点状要素主要用于表达和绘制在给定比例尺下，空间规模较小且可以抽象成点描述的地物类型，如小规模居住点、火车站、矿山等。此外，有些地物虽然具有空间范围的描述数据，但在航图绘制时由于比例尺的限制无法对其外围轮廓进行清晰地展现，此时也需要将其简化为点状要素。点状要素的绘制表达方式主要由点状符号的形状、尺寸、颜色和填充等几个维度进行组合来表现地物的不同属性特征。障碍物信息通常也是以点状要素进行绘制，通常使用能够突出不同重要程度的且具有显著特征的障碍物标记符号来表示。

第三种为线状要素类型，线状要素主要表达在空间上可以抽象成线状分布和线状延展的地物，如等高线、输电线、管道线、边界线等。线状要素的绘制主要由不同线型、颜色和尺寸的组合来表现地物的不同性质，通过线的延展方向来表现地物的空间走向和分布特点。

第四种为面状要素类型，面状要素主要表达在空间上具有确定边界和范围的地物，如水体、居住区、大型建筑等。需要特别注意的是，与传统的地图和通用航空目视航图不同，道路虽然在直观上呈线性分布，但由于其在民用无人机飞行中的重要作用，因此，在低空航图中应该以具有宽度的面状要素进行描述。面状要素的绘制表达方式主要由边界线状表达、填充颜色、填充样式和透明度等多种方式的组合来表现地物的特征信息。

第五种为字符注记要素类型，字符注记要素主要用于对地物名称和某些特殊属性（如等高线的高程值、区域的限制高度等）进行包括文字、字母和数字在内的字符标注。字符注记要素的绘制表达方式主要由字体、大小、方向、颜色、边缘羽化和排列等多种方式的组合构成。字符注记要素的绘制通常需要与其对应的其他类型要素进行综合考虑。对于点状要素来说，需要确定合适的字符方位与距离。对于线状和面状要素来说，需要根据线的延展特征和面的形状与分布特征确定字符排列的方式。对于等高线的高程标注，需要根据曲率变化进行多重标注点的选择和文字方向的调整，而对于区域的限制高度这一类特殊标注来说，虽然在航图上呈现的是字母和数字的组合，但是由于其重要性，通常需要以中间填色边缘加粗并在周围绘制特殊的标记等组合方式进行绘制。通过标准字体库绘制的方式无法满足此类特殊标记的要求，所以需要通过曲线类绘制方法来实现。

第六种为组合注记要素类型，组合注记要素主要用于类似于通用航空目视航图中无线电导航设施的综合标注和准确的属性参数表达。此类要素通常是由特定的图形、符号、字母和数字按照一定的组合规则进行整体表达，包括颜色、尺寸、形状、排列方位和组合方式都有着专门的设计与要求。对于这种复杂的组合注记要素类型，需要由曲线类、符号类和注记类方法进行综合来完成航图上的绘制，这也是低空航图所特有的制图要素类型。

3.4.3 制图基本原则

从低空航图的使用来看，其主要目标之一是满足民用无人机相关操作和管理人员的目视解读使用。这就要求能够通过低空航图在较短的时间内把真实的地理环境，以及与飞行操作有关的各种信息通过地图的展现形成高沉浸感的映射，这也是低空航图制作的核心要求和原则。满足这一要求与两大因素有关：一是各种数据源和基础信息本身的准确性、完整性和及时性；二是航图本身设计与制作的科学性与实用性。航图的制作需要设计完整的要素符号系统和基础的颜色设置规则，需要具有意义明确、表达准确、表现直观和信息综合等特点，这是使低空航图具有信息表达全面、构图合理、重点信息突出、视觉直观和信息映射准确的保证，也是制作高质量低空航图的基础支撑。

从低空航图的数据和制图表达内容来看，其构成要素的复杂性和信息的多样性已经远远超出一般意义上的专题地图所承载的数据与信息量。在一个有限的地图图幅空间内，首先要对部分基础数据进行简化和概括，特别是各种与基础地理信息有关的线状和面状要素。其基本原则是首先要满足数据精度和空间拓扑的要求，其次是根据重要性原则对部分要素进行选择性的排除或者弱化表达，也可以结合各种要素的简化算法，从而降低航图的复杂性，提高关键信息的清晰性和可读性，达到关键信息突出而明确表达的目的。

从低空航图所呈现出的信息来看，不同类型要素之间是存在重要性差别的。对于和无人机飞行直接相关的信息和要素，如障碍物、限制区和限制高程等信息，需要遵循符号表达和注记标注显著性的原则。在制图时通过尺寸、样式、颜色和绘制次序的配置使这些重要性级别高的要素在整个航图中能够突出而完善地表达，体现出这些重要要素详细、明显的特征，从而在使用过程中直接引起视觉上的注意，达到主次分明的效果，这也是低空航图区别于其他类型地图的特点之一。

此外，低空航图的制作还需要遵守规范性的原则，不仅要遵循未来可能形成的行业专业标准，同时还需要遵守国家有关标准地图的制作规范，如制图构成要素、边界线样式、重要地理位置的标注等（周玉科等，2012）。综合来说，低空航图的设计和制作应该达到制图的规范性、信息涵盖的完整性、要素表达的综合性、重要信息的显著性及高度的实用性等要求，进而能够形成标准化的低空航图产品，为民用无人机领域的发展提供基础的航图支持。

3.4.4　制图关键技术

从基础的制图技术方面来说，考虑到低空航图所涵盖的数据种类、所构成的要素类型及所表达信息的多样性，需要结合计算机辅助设计系统（Computer Aided Design，CAD）和 GIS 的制图技术来完成。基于 CAD 的制图技术特点，矢量符号设计和框架标注的实现较为方便，适用于低空航图制作中的矢量符号的绘制和完成包括组合注记要素在内的各种框架式标注，而 GIS 绘图技术则侧重于基础地理信息的可视化表达，包括地形特征、地貌特征及各种地物要素的绘制。

从具体的制图技术方面来说，大多数的低空航图要素的绘制都可以由 CAD 和 GIS 所提供的技术和算法来完成。在某些制图区域内，由于需要表达和标注的要素众多，在经过简化和重要性取舍的操作下，仍然会出现标注文字之间，以及文字与点状要素之间的位置排列冲突，严重的会引起目标无法识别和识别错误的后果。虽然 CAD 和 GIS 技术会提供通用的冲突检测机制和算法，但这些算法通常是基于最小外包多边形进行的，没有实现制图空间的最优化利用。这就需要针对低空航图的要素组成特点，研究最优化的冲突检测算法，在不影响航图目视判读的前提下，最大化的容纳标注和符号制图信息，且使图面内容和谐统一、清晰直观。

考虑到低空航图所承载的目视飞行规则和目视化应用特征，一些具有特殊绘制效果的技术也需要进行研究和使用。例如，在对字符注记要素进行绘制的时候，字符与周围像素通常存在比较生硬的边缘，在目视使用时容易引起视觉上的突然过渡，利用文字绘制的羽化技术可使标注区域内外衔接的部分产生虚化和渐变，从而达到自然过渡与衔接的视觉效果。此外，大量线状要素以及面状要素边界的绘制，非常容易在视觉上产生一定的锯齿化现象，此时需要利用反走样技术控制和消除锯齿化现象，从而改善低空航图的可视化应用效果，提高易读性。低空航图的点状要素符号种类繁杂，单纯以矢量图形进行绘制的方式有时效率较低，并且对于不规则的图形绘制过程会相对复杂，此时可以考虑通过建立矢量字库来进行基础的设计，利用字体输出的方式进行高效的制图绘制。此外，对于异色填充和多结构复杂的点状要素符号，可以采用组合字体的方式完成绘制。

低空航图的制作不仅仅是单一的图形和图像的符号化输出，还需要一个多源数据的综合管理平台作为基础支撑。低空航图所涉及的人造目标和障碍物，以及各种空域信息数据具有高动态性和数据采集与来源多样性等特征，研究如何保证各种类型采集数据的实时接入、数据质量检查和数据动态更新方法将是保证低空航图质量和时效性的重要基础。同时由于组成要素的复杂性，完全自动化的排版有时不一定能够完全满足制图设计的需求，特别是在需要表达的信息量较大的情况下，因此也需要一个交互平台完成人工辅助下的高质量低空航图的制作。低空航图除了目视化应用之外，还可以用于民用无人机飞行路线的动态规划和管理，这就需要研究相应的基于航图的航路自主规划，以及辅助航路决策规划算法的支持，从而形成低空航图进一步应用的技术和方法基础。

3.5　低空空域精细化划分关键技术

低空空域精细划分是指为了保障有人航空和公共安全，针对无人机低空飞行活动特点，通过界定无人机专属隔离空域与其他类型空域间的空间位置关系得到结构化低空，并进行低空资源区划，基于网格剖分和时空编码等关键技术构建数字化低空的过程。低空空域的精细划分可以为无人机精细化管理提供精准、快速的空间位置服务，为无人机飞行提供精准的动态环境信息，促进无人机监管发展（陈志杰，2010）。

3.5.1　无人机飞行空域精细划分技术路径

从空间结构和资源区划两个方面研究低空空域精细划分：空间结构化主要是指通过划定无人机专属的隔离空域，以及无人机专属隔离空域与其他类型空域间的相对位置关系得到结构化低空；资源区划是指从无人机安全飞行角度出发，构建低空飞行安全指标体系，基于资源区划技术得到低空资源区划的结果；最后，对低空进行数字化，包括剖分网格的分辨率、形状与尺度效应等研究，时空动态编码的规则设计，以及飞行约束条件的建模及其三维可视化等技术等（图 3-11）。

3.5.2　低空空域精细划分关键技术

1. 无人机专属隔离空域与低空结构化

当前相关管制政策对轻小型无人机在真高 120m 以下低空飞行呈逐渐宽松趋势，《低空联网无人机安全飞行测试报告》也指出，基于全国的蜂窝移动通信网络（4G/5G 技术）可以满足 120m 以下绝大部分场景的无人机行业应用需求，300m 以下绝大部分区域的无人机安全飞行业务链路指标需求，以及 1000m 以下的通信

无人机运行监管技术发展与应用

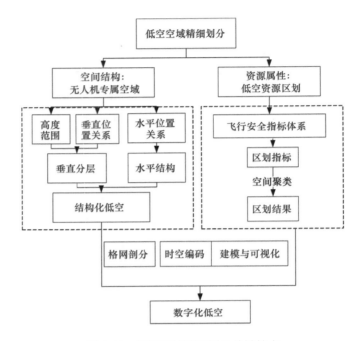

图 3-11　低空空域精细划分关键技术

全覆盖。因此，有研究提出，以真高 120m 和 1000m 分别为无人机低空航路规划的下限和上限高度，将该范围内的空域作为无人机飞行专属隔离空域，并进行无人机骨干、主干和支线航路的规划（航路规划过程详见 6.3 节）。而在 120m 以下、区域内最低安全高度以上的范围内进行末端航路规划，作为低速航路，承担航路与起降点间过渡交通功能，解决社区航路等"最后一公里"运输问题。划定无人机专属隔离空域层后，研究无人机专属隔离空域层与民航航线、地表建筑等地理要素间的空间位置关系，对结构化低空进行初步设计。

2. 低空空域资源区划

从低空空域的资源属性角度，针对无人机飞行特点对低空进行区划。先考虑不同应用场景下无人机飞行的影响因子，构建低空区划指标体系，进行相关分析和主成分分析等得到对无人机飞行影响最大因子（第一主成分），并构建区划指标，进行计算和标准化，接着进行空间聚类分析，得到空间区划结果。面向无人机飞行的低空资源区划影响因子指标体系根据不同的无人机应用场景特点，从无人机飞行安全因子、社会影响因子、经济影响因子和生态影响因子四大类进行考虑，

| 56 |

包括城市和偏远地区快递投送、环境监测、科学测绘、应急救援和管道巡线等。

1）飞行安全因子分为两类：一类是无人机飞行中应当避让的环境因子，包括地形、低空极端气候、通信盲区、电磁干扰区及输电线等其他地表突出物等；另一类是可利用的环境因子，包括水域、绿化带和地面路网等。

2）社会影响主要是指无人机飞行给国家、社会和公众安全及隐私等带来的影响。影响因子主要包括对民航、军航及特定空域等空域安全因子，噪声污染因子、住宅区等公众隐私因子、人口密集区等公共安全因子，以及军事设施、监狱、重点保护区等国家安全因子等。

3）经济影响主要是分析无人机运输的成本-效益，并与传统的陆路运输、水路运输、航空运输等交通方式进行成本的对比分析。

4）生态影响主要包括大量的无人机低空飞行对生态环境的影响，如油动无人机飞行带来的空气污染，无人机灯光秀带来的光污染，以及无人机跟拍动物带来的生物保护问题等。

构建指标体系后，基于主成分分析技术筛选出对低空空域资源区划影响程度较大的因子作为区划指标，并基于综合指标评判法得到的指标相对重要程度排序对各指标赋予不同权重，构建低空区划目标函数；随后加入人口分布、土地利用等地理信息要素，基于空间聚类技术将区划指标插值到地理空间，得到基于空间地理要素的低空空域资源区划结果。

3. 低空数字化

获得具有多重属性和精准空间位置的数字化低空是进行低空空域精细划分的重要数据基础，为获得精准的空间位置，采用网格剖分和编码技术对低空空域资源进行处理。为获得低空的多重资源属性，量化各环境约束要素影响无人机飞行的潜在风险，对各影响因子区划结果进行统一尺度转换与加权平均计算，得到各网格的空间属性数值。

可采用地球空间地理网格技术（详见 3.2 节部分），基于 GeoSOT-3D 地球网格系统，选择 CGCS2000 大地坐标系统中参考椭球球心作为剖分椭球体球心将经度、纬度、高分别扩展至 $-256° \sim 256°$、$-256° \sim 256°$ 和 $0° \sim 512°$，形成 $512° \times 512° \times 512°$ 的空间，并在三个维度上进行八叉树递归剖分，形成下至地球中心、上至距地表 5000km 的高空，大至整个地球空间，小至厘米级体块的 $0 \sim 32$ 级剖分框架。同时，为了对空间数据进行高效组织和管理，采用二进制按照 Z 序编码次序为每一层级的任意一体块的空间位置赋予唯一编码，便于航路搜索的便捷索引。为了简化计算，通信盲区、高层建筑、政策限制区及山峰数据等均转化为无人机飞行环境中的"障碍物"，量化其网格成本代价，在路径搜索中实行"禁止飞入"原则；大气环境为统计频发数据，因此在路径搜索时遵循"警告飞入"原则，同时量化其网格成本代价值，离气候事件中心越近，其成本代价越大。

3.6 无人机多模式通信技术

通信系统是无人机重要的组成部分，实现了无人机与地面控制站及其他设备之间的信息传输和交换，满足无人机平台测控、传感器测控、任务执行、数据回传等数据传输需求。

随着无人机应用场景的多样化和通信技术的不断进步，无人机通信技术迅速发展。早期的无人机以地空链路为主要通信方式，中继通信作为特殊情况下的补充。随着无人机载荷能力的提高及对宽带数据传输的需求，出现了以 1.2GHz、2.4GHz 和 5.8GHz 为主的通信技术，其典型应用有 2.4 GHz/5.8 GHz 通信系统，包括大疆 Lightbridge 和 OcuSync 图传系统等。近年来随着轻小型无人机的快速发展，应用场景进一步多样化，开始出现基于蜂窝移动通信的超视距运行无人机通信链路和基于商业通信卫星及北斗短报文技术的全域覆盖传输链路，实现了对任何区域运行无人机的实时监控和数据传输。

2014 年，工信部根据《中华人民共和国无线电频率划分规定》及国内频谱使用情况，规定 840.5～845MHz、1430～1444MHz 和 2408～2440MHz 频段用于无人机系统。840.5～845MHz 可用于无人机系统的上行遥控链路。其中，841～845MHz 也可采用时分方式用于无人机系统的上行遥控和下行遥测链路。1430～1444MHz 频段可用于无人机系统下行遥测与信息传输链路，其中，1430～1438MHz 频段用于警用无人机和直升机视频传输，其他无人机使用 1438～1444MHz 频段。2408～2440MHz 频段可作为无人机系统上行遥控、下行遥测与信息传输链路的备份频段。相关无线电台站在该频段工作时不得对其他合法无线电业务造成影响，也不能寻求无线电干扰保护。

上述频段的信道配置，所用无线电设备发射功率、无用发射限值和接收机的邻道选择性应符合相关要求。频率使用、无线电台站设置和所用无线电发射设备应符合国家无线电管理及无人机系统管理有关规定。

一般情况下，根据轻小型无人机通信模式的不同，可将无人机通信粗略划分为传统的点对点通信、基于蜂窝移动网的通信和基于卫星网络的通信。

3.6.1　点对点通信

无线数传电台是采用数字信号处理、数字调制解调技术，具有前向纠错、均衡软判决等功能的无线数据传输电台，可以传输包括遥控遥测数据、动态图像等业务。区别于模拟调频电台加调制解调器的模拟式数传电台，数字电台采用标准 TT、RS-232（或 RS-485）接口，传输速率可在 1200bps/2400bps/4800bps/9600bps/19200bps/38400bps 之间自动调整，功率一般在 1mW 至 1W 之间，收发转换时间小于 10ms。数传电台通常工作在 L 波段和 C 波段（也有 Ku 波段的），目前无人机上多采用的是 433MHz/840.5～845MHz/902～928MHz/2.4～2.483GHz ISM 频段，支持跳频功能，可设置传输频点，更改信道、确定工作模式（表 3-1）。

表 3-1　典型数传电台指标

性能指标	发射功率（可软件选择）	1mW 至 1W（0～20dBm）	
	室外通视传输距离（2dB 增益偶极子天线）	20km	
	室外通视传输距离（高增益天线）	64km	
	传输速率	9600bps	115200bps
组网&安全	载频	ISM902-928MHz	
	扩频模式	FHSS	
	调制方式	FSK	
	支持的网络拓扑	端到端，点到点，点到多点	
	加密	256 位 AES 加密	

除无线数传电台外，目前大多数无人机采用 2.4GHz 无线通信技术，主要用于测控令和动态图像的传输。2.4GHz 无线技术是一种短距离无线传输技术，具有高带宽、低功耗、抗干扰能力强的特点，WiFi/蓝牙/ZigBee 等均工作在这一频段。2.4G 是指它的工作频率为 2.4～2.4835GHz，带宽为 83.5MHz，属于全世界公开通用的无线频段。由于 2.4GHz 无线通信系统的接收端和发射端之间并不需要连续性工作，从而大大降低了功耗，延长了电池续航时间。为提升抗干扰能力，2.4GHz 系统通常采用跳频扩频和直接序列扩频技术。大疆 Lightbridge 和 OcuSync 就属于在2.4GHz基础上经过优化改良的图传技术，其中OcuSync可以实现2.4GHz

和 5.8GHz 之间的切换。

以 OcuSync 为例，该通信技术具有以下特点：①支持 2.4G 全高清数字传输。数字视频传输，输入最高可支持 1920*1080@60fps，输出最高 1920*1080@30fps。②距离远。使用 2.4G 射频技术，发射功率 100mW（符合 CE 和 FCC 认证）；地面端搭配 5dbi 的全向天线（标配），实测有效传输距离达 1.7km（1.05mile）；地面端搭配 14dbi 的定向天线（选购），实测有效传输距离高达 5km（3.1mile）。③支持多种视频输入、输出格式。AV 输入；HDMI 输入；USB 2.0 全高清视频输出；IOS、Android 等手机、平板电脑通过 USB 连接后可做显示器使用；HDMI 高清视频输出。④内置遥控链路。系统的上行遥控链路和下行视频链路同时工作在 2.4GHz；地面端通过遥控器教练口获取遥控器控制数据，通过上行链路发送给天空端，与下行视频链路同步工作，互不干扰；地面端支持两路遥控器同时输入，分别用作飞行器控制和云台控制，天空端接收后通过 DBUS 传输至主控。⑤抗干扰。上行链路采用跳频+扩频技术，传输稳定性高，抗干扰能力强；下行链路采用多天线技术（Multiple Input Multiple Output，MIMO）和正交频分复用技术（Orthogonal Frequency Division Multiplexing，OFDM）调制方式，配合先进的算法，有效提高系统数据带宽和复杂环境的稳定性，提高系统的动态性能；下行链路实时监测各信道干扰状态，动态选择最优信道工作（最多 8 个图像传输通道）；同时同地可支持多达 8 套 Lightbridge 设备同时工作。⑥低延时。系统最大延时 80ms。⑦内置 OSD 功能，配合 NAZAV2，WKM，A2 使用时无须外置 IOSD，即可实现信息叠加功能。⑧多从机模式与信息安全。单个天空端可同时和多台地面端搭配工作（只有一台地面端能发送控制数据，其余设备仅能收到视频）；数据加密传输，仅经过对频授权的地面端可收到视频数据，保证信息安全。

此外，5.8GHz 频段是一个比 2.4GHz 频率更高的公用频段，最近几年开始进入产品研发领域，是有望代替 2.4GHz 的技术之一。5.8GHz 无线产品采用 OFDM 和点对多点、点对点的组网方式，单扇区的速率高达 54 Mbps。5.8G 的系统一般采用的直接序列扩频技术，它的信道较多且频率更高，抗干扰能力相对更强一些。同时它可以满足高带宽应用支持大量用户的需要——8 个不重叠信道使部署的可扩展性和灵活性更高。同时 5.8GHz 也采用基于 IP 或基于电路的无线传输技术。基于 IP 的技术信令协议简单、实现容易、开销低、频谱利用率高、业务种类多、接口简单统一、升级容易，特别适合于非连接的数据传输业务；基于电路的技术时延小，适合于进行传统的语音传送和基于连接的传输业务。各种数据表明，

5.8GHz 性能的确要优于 2.4GHz 无线传输技术，但是同样也存在一些不足，如 5.8GHz 的波长较短、绕射能力较差、传输带宽也比 2.4GHz 要小些。

3.6.2　蜂窝移动通信

无人机蜂窝移动通信是利用运营商成熟的移动通信网络和技术（2G/3G/4G/5G）进行无人机测控、数据传输的通信技术，具有低时延、高带宽、安全性高的特点，可有效解决无人机外场作业测控范围小、数据传输效率低和易受干扰等问题。

蜂窝移动通信颠覆了传统无线电点对点的无人机操控模式。一般情况下，采用传统无线电台通信的无人机的可操控范围通常仅限于 1km 左右，增强型电台可达到 10km 左右。采用 2.4GHz 通信技术的无人机可操控范围也在 10km 以内。除了飞行距离受限外，信号也容易受到障碍物阻挡，抗干扰能力差。而采用蜂窝移动通信模式后，无人机只要在网络覆盖的地方都可被操控飞行，可以实现超视距飞行，同时让无人机具备了极佳的抗干扰能力，大幅提高了无人机运行安全（图 3-12）。

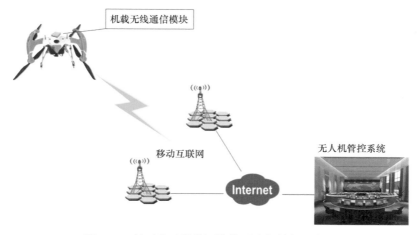

图 3-12　基于移动通信网络的无人机管控示意图

与传统的通信技术相比，移动通信技术最明显的优势在于通信速率高，其中 4G 的最大传输速率可达到 100Mbit/s，能很好地承载高清图像传输业务。除此之外，4G 还具有覆盖范围广、通信质量高、成本低廉等特点。

4G 数传通信的性能如下：

1）支持国内三大运营商的 4G LTE 网络，7 模 12 频全网通。

2）采用 TCP/IP 技术，可实现点对点、点对多点等灵活的无线组网方式。

3）使用普通 SIM 卡，无须申请固定 IP，无须申请 VPDN 专网业务。

4）通信距离无限制，只需在蜂窝移动网络覆盖的地方。

5）可组成一对一、一对多等网络，组网台数不受限制。

6）支持断线重连。

7）提供 RS232/RS485 通信接口，波特率从 300bps 到 115200bps 可选择。

相比 4G，下一代移动网络 5G 在无人机通信上将拥有更多优势，如提供了大带宽、低时延和高服务质量（Quality of Service，QoS）及高密度连接（Lei et al.，2018）。此外，5G 引入了网络切片和移动边缘计算等新概念，网络切片允许在相同的网络框架中为不同类别的用户提供不同的服务级别协议，移动边缘计算允许云资源在移动网络边缘移动的技术，旨在降低网络延迟。5G 能在远程控制、图像/视频传输、无人机识别和定位等方面提供更好的服务。中国信息通信研究院发布的《5G 无人机应用白皮书》列举出的无人机应用场景就包括无人机 VR 直播、无人机城市安防、无人机高清直播、基站巡检、无人机应急通信与救援等（IMT-2020（5G）推进组，2018）。

3.6.3 卫星通信

对无人机来说，无线通信技术能让无人机通信距离远至上百千米，4G 及未来的 5G，地面蜂窝网络技术更是可以将通信距离扩展到基站覆盖之处。但是，无人机工业级应用场景下更多的是无人区，在某些特殊作业场景，因为条件差，基础设施薄弱，而又需要使用无人机巡检，远距离传输数据或物品，所以卫星通信是无可取代的，特别是某些突发事件后，卫星通信能有效地保障通信，并将事故位置发回指挥中心，达到减少损失的作用。

北斗的卫星通信功能（即北斗短报文）现已应用于轻小型无人机，基于北斗短报文的数据链路及软硬件收发设备能够与无人机系统集成，通过北斗短报文通信技术将无人机的飞行诸元信息（包括无人机 ID 号、位置等相关信息）实时传输至指挥中心，实现对无人机的远程监管。其优点是技术成熟，体积小重量轻，机载模块可达到 150g 以内，通信资费较便宜，缺点是其在民口的应用中数十秒才能发一次数据，且延时较大。

除北斗卫星外，天通卫星数据终端也可用于轻小型无人机卫星通信链路，如天通 D20 数据终端具有恒定链路带宽，集成 GPS/北斗双星定位，可通过机载电源供电，预留数据接口与无人机自驾仪连通，在紧急情况下可发送返航或降落指令。

　　与天通类似的还包括其他一些商业卫星，如海事卫星、铱星、欧星等均可作为中远程无人机的通信备选方案。在未来几年，国内低轨卫星通信系统将建成，这对无人机全域覆盖通信具有重大意义。低轨卫星通信系统具有全天候、全时段及在复杂地形条件下的实时双向通信能力，其通信时延短、数据传输率高，移动终端体积小/重量轻。据报道国内航天科技和航天科工集团分别提出了"鸿雁"和"虹云"低轨卫星通信星座计划，将分别发射 300 颗和 156 颗低轨通信卫星组建太空通信网，两个系统计划将于 2023 年建设完成，目前两个系统的首颗实验星都已于 2018 年年底试射成功。

第4章 监管技术

本章介绍了云端监管技术、临场监管技术、地理围栏和动态更新技术、无人机云系统和无人机交通管理系统等。云端监管技术介绍了无人机定位及飞行状态信息的获取、传输、交换与共享的规范化与标准化；临场监管技术介绍了多种技术的集成应用以提高无人机临场监管的有效性；地理围栏技术限定无人机飞行区域，无人机云系统和交通管理系统则为无人机的高效、有序监管提供基础。

4.1 云端监管技术

云端监管是依托互联网技术发展起来的，通过无人机定位设备获取无人机位置及飞行状态信息，并按一定的数据接口规范将信息推送至特定的云端，云端之间通过无人机云交换系统实现全国无人机定位及飞行状态信息的交换与共享。

4.1.1 无人机定位与状态信息云端推送技术

随着无人机各类应用的快速发展，无人机云端飞行管理服务系统面临的系统关键技术有待进一步发展和完善，典型的包括基于 5G 技术的无人机信息接入技术、无人机云系统接口技术及无人机交换系统技术等。

当前，无人机云系统读入的无人机定位信息，来源形式多样。大多数无人机云系统都使用基于 2G（或 3G、4G）网络的外挂式 GPS 定位设备, 如优云的 U-Box、优凯的 U-Care Agent。采用外挂式 GPS 定位设备的原因是无人机云系统注册用户来源多样, 所使用的无人机厂家及型号各不相同, 采取外挂设备的方式来实现无人机信息的接入较易实现。部分云系统则利用自己生产无人机的便利, 直接从飞控中读取无人机位置等信息, 无须外挂定位设备。

随着无人机生产的进一步规范化, 在飞控设计及生产环节就将无人机系统与无人机云系统的数据传输技术一并考虑, 是无人机定位信息接入的发展趋势。随着 5G 技术的发展和应用, 不论是外挂式还是内置式的无人机信息接入技术发展都将迎来新的可能性。

4.1.2 无人机云系统接口数据规范技术

民航局 2017 年 11 月发布《无人机云系统接口数据规范》行业标准, 我国也由此成为全球范围内最早出台此类行业标准的国家。这部行业标准于 2017 年 12 月正式实施, 对统一行业标准、促进无人机行业协调发展发挥了重要作用。

《无人机云系统接口数据规范》规定了轻小型民用无人机系统与无人机云系统之间传输数据的要求, 包括数据加密、编码规则、性能等。无人机系统和无人机云系统按照上述规范要求的数据接口进行双向通信。无人机用户可以根据运行需求选择加入无人机云系统。无人机云系统可以向无人机用户提供航行服务、气象服务等。无人机系统应将飞行数据及时上报。无人机云系统对加入的无人机可实现地理围栏触发报警等功能。

根据《无人机云系统接口数据规范》, 无人机系统向云系统提供数据内容包括: ①无人机注册信息。注册信息是无人机系统向无人机云系统传输无人机相关身份标识的信息, 以及无人机云系统为无人机生成的编码, 应至少包括产品序列号 (MSN)、飞控系统序列号 (FCSN)、国籍登记标志或实名注册编码 (REG)、无人机云运营商 (以下简称运营商) 在云系统中为无人机生成的编号 (CPN)。②无人机动态信息。动态信息是表征无人机实时运行状况的信息, 内容至少包括 CPN、经度、纬度、高度、地速、航向、定位精度、时间等内容, 无人机云系统所使用的经纬度坐标, 均为 WGS84 坐标。③无人机驾驶员登记信息。

无人机云系统应具备有线或无线通信功能, 同时无人机云系统与无人机系统传输的数据应包含以下内容: ①指令一, 编码为 MAYDAYMAYDAYMAYDAY, 表示无人机接到该指令后, 在指定区域内的无人机需立即降落; ②指令二, 编码为 PANPANPANPANPANPAN，表示无人机接到该指令后，在 1 小时之内离开指定区域，无法离开的完成返航备降；③指令三，编码为 CLEANCLEANCLEAN，表示无人机接到该指令后，在 3 小时之内离开指定区域，无法离开的完成返航备降。

随着无人机应用的广度和深度的快速扩大和加深，无人机系统与无人机云系统之间传输的内容也会随之发生变化，无人机云系统接口数据规范技术也处于不断完善之中。

4.1.3　无人机云交换平台

为解决同一空域下注册无人机互相可见的问题，民航局委托中国民航科学技术研究院开发了无人机云交换平台，以供多家无人机云系统进行实时数据交换和共享。

无人机云系统应该具备接收交换系统转发的国家无人机综合监管平台、无人机数据存储系统、无人机实名登记系统，以及国家法律法规所要求的其他系统的数据能力。无人机云系统飞行数据同步要求：①无人机云系统应具备每 5s 向交换系统上传一次所有飞机的飞行数据的能力；②交换平台应具备每 5s 向无人机云更新一次其他无人机云系统上报的飞行数据的能力。连续 3 个月达到 2000 架次及以上的无人机云系统可参与交换系统的数据共享和交换，当无人机云系统的前 12 个月的月平均运行量低于 2000 架次，则暂停其与交换系统的交互。

随着无人机行业应用的发展，在未来可能会出现多种形式的无人机云交换系统。如何解决行业应用或专题应用的无人机云交换技术将成为新的问题。关于云端管控技术与系统的发展，第 6 章有进一步论述。

4.2　临场监管技术

对民用无人机的临场监管，要分为重点区域管理和突发状况处置，需要加强军民融合，采用成熟的新技术结合传统手段，并加强与公安部门的联合。同时，应该增强监管，推动低空监管措施发展。

4.2.1　临场探测技术

1. 雷达探测

在雷达探测方面，目前存在两个技术方向：有源雷达和无源雷达。两者各有优缺点，也可以搭配起来使用。有源雷达作用距离远，如英国反无人机系统（AUDS），其工作原理是发射 Ku 波段进行扫描探测（类似蝙蝠定位），能够探测数千米甚至 10km 外的无人机，但是可能会影响附近卫星通信设备，同时在雨天、雾天，该波段也容易因空气湿度大而造成功率损耗。无源雷达作用距离较近，目前能够实现 1km 范围内无人机信号的无源定位。无源雷达不主动发射无线电波，因此不会对周边电子设备造成影响，适合部署在机场净空区等区域。

2. 可见光和红外探测

可见光和红外探测是探测低慢小目标的常见手段，也可以结合雷达探测一起使用，利用可见光和红外探测设备能够准确判断低慢小目标的种类，结合转动机构能够实现对于低慢小目标的跟踪，为打击武器提供输入。

上海大楚电子科技有限公司使用远距离多光谱热成像激光夜视监控摄像机，主要用于对较远距离的空中目标进行探测、跟踪、监视和记录。该系统的主要功能特点如下：采用可见光成像、远红外激光照明和长波红外热成像，全天候 24 小时对空中目标作全方位观察、监视和搜索。昼间可见光成像设备具有透雾功能，增强图像细节和对比度，提高工作距离。夜间用长波、红外热成像发现目标，利用近红外激光照明。可见光探测器受天气影响比较大，所以在白天较好的天气情况下采用可见光和红外光一起检测目标，而红外成像相较可见光成像在动目标预警方面具有更高的预警率，所以在雾天、雨天、夜晚的时候本系统以红外热像仪为核心预警设备，实现昼夜监控。

3. 电磁频谱探测

德国安诺尼公司（Aaronia AG）是电磁频谱分析行业的高科技公司，其频谱仪可以检测周围的辐射源、频率和信号强度，并直接显示安全限值。公司推出的无人机侦测系统，通过实时测量无人机电磁发射的信号方向，从而侦测入侵的未知无人机，并向操作人员告警。

安诺尼无人机侦测系统不限制侦测范围，通常其侦测范围等同于无人机与其操控者之间的可用距离，一般取决于无人机/操控器的发射功率，通常可以侦测几千米/英里的范围（罗斌，2017）。整个系统能够实时测量无人机、雷达等的射频发射，侦测频率范围为 9kHz～20GHz，能够在夜间、浓雾及恶劣天气下工作，可捕捉到隐藏在建筑物、工厂和树木间的无人机信号，允许 7×24 小时的无间隔监控和记录，高度跟踪定向精度，能实现 360°全覆盖，并可侦测跟踪到无人机操控者。

4. 无线射频探测

美国 Dedrone 公司的无人机探测系统利用分布式声学、光学传感器、无线射频感测器综合侦测无人机,可及时并提前发现无人机的非法靠近。该公司 Drone Tracker 系统目前应用了相机、声波和超声波传感器,并升级了无线网络传感器,通过 WiFi 信号探测无人机,这些 WiFi 信号有可能是控制无人机的智能手机发出的,也可能是机载相机向操作员传输视频信号时发出的。新的传感器还能读出发射装置的 MAC 地址,从而可以识别无人机模型甚至个人设备。新版 Drone Tracker 声称能侦测最广阔的频谱,并辨别不同无线射频协定,宣称可准确辨识大疆品牌所有机型。

5. 声学探测

声学探测是利用飞行器独特的声音进行测向、定位的技术。美国 DroneShield 公司的声音感知技术目前可以实现的声音识别距离达到了 1km,可以实时地反馈探测信息,用于无人机的探测定位。此外,美国 Dedrone 公司的 Drone Tracker 反无人机系统也带有声学探测功能。

总体来说,在无人机临场监管中,探测发现是一个难点。从技术层面来看,雷达探测距离远,但是容易造成误判和漏判,其他探测方法距离虽短,但是能够准确识别低慢小目标。因此,最好的形式就是综合运用雷达和光电红外等设备一起对无人机进行探测识别,同时还要综合布置进行多方位判断。

4.2.2 临场反制技术

1. 网式拦截

"软杀伤网式拦截技术"能够对低空慢速小型飞行器进行探测、预警、跟踪与拦截。发现恶意侵入的无人机之后,通过地面或空中发射一张特殊材质的网,将无人机网住并使其坠落。中国航天科工二院 206 所天网"低慢小"目标拦截系统(简称"天网"),用网缠住无人机后,利用降落伞使被拦截目标平稳落地,从而避免对地面人员财产安全造成损害。

2. 激光武器

激光武器具有杀伤率高、反应速度快、能短时间对付多个目标、单发成本低、毁伤效果好等一系列优点,是一种现实而高效的拦截无人机的武器。经过多年的发展，现已形成以化学激光器（主要是氟化氖和氧化碘）为辐射源的舰载、车载和机载型激光系统。美国波音公司反无人机激光武器由光纤激光器、升级版光束导向器、电池组、冷却装置 4 个部分组成，拆分后可由人员携行，具有较好的便携性，能够在 15min 内组装完毕。该系统最高发射功率可达 10kW，用于对付 35km 内的目标。国内也在激光反无人机领域有较深研究，多型激光武器也已经进行了实际反无人机试验，具有较好的打击能力。

3. 微波武器

微波武器是一种具备软硬多种杀伤效应的定向能武器，这种武器可利用高能量的电磁波辐射去攻击和毁伤目标。与激光武器相比，其波束宽得多，作用距离更远，受气候影响更小，并且只需大致指向目标，不必像激光武器那样精确跟踪、瞄准目标，便于火力控制，从而使敌方对抗措施更加困难和复杂化。同时，微波武器还能破坏无人机的通信链路，使其机载探测设备及数据传输与处理受到影响，甚至失灵（范勇和李为民，2003）。

4. 压制干扰

使用足够强的电子信号照射无人机，对无人机的 GPS 信号、通信链路进行干扰、压制、欺骗，使无人机丢失 GPS 信号、中断数据链接、诱骗无人机到指定位置降落。目前，干扰 GPS 信号和数据链路较容易，使无人机到指定位置降落还有技术难度。

5. 声波干扰

声波干扰技术是利用声波使无人机陀螺仪发生共振来输出错误信息，从而使无人机姿态空中出现问题而导致坠落。研究发现超过 140dB 的声波即可以击落 40m 外的无人机。韩国公开的利用声波干扰陀螺仪击落无人机的技术中，研究人员将小型商场扬声器安装到无人机上，距离陀螺仪 10cm 左右，通过笔记本电脑无线控制扬声器发声，当发出与陀螺仪匹配的噪声时，正常飞行的无人机会忽然从空中坠落，证明了原理的可行性。

6. 黑客技术

通过无人机内置的 WiFi 网络和开放的远程端口，向无人机实时操作系统发起攻击。连接到目标无人机，获得其控制器的 root 权限，就可以对无人机进行操作。

尽管对无人机的打击手段较多，但很多手段会造成目标坠地的次生灾害，同时，无人机目标的打击是建立在探测发现基础之上的。发现目标后，还要有对于目标的持续跟踪能力，配合打击武器一起进行。因此，完整的无人机处置系统，是集成多种探测发现方式，并能够进行打击的系统。目前，无人机的打击装备正处在发展阶段，还需要技术积累使之更加有效。

4.3　地理围栏和动态更新技术

地理围栏技术已成为用户合法飞行的基础，也是国内民用无人机的主要监管方法。通过此项技术，可以保护机场净空区、核电站区域等敏感区域，为合法运行的民用无人机提供提示或警告信息，使其做到提前防范。

4.3.1　地理围栏

近年来，轻小型民用无人机被广泛应用，由于无人机的使用者对于相关运行法规政策知之甚少，进而有意无意频频"闯祸"。无人机导致的事故种类五花八门，归结起来主要有三类：一是对国内的空防安全造成了威胁；二是与国内现有的有人驾驶航空运行产生了冲突；三是部分无人机的使用有可能威胁到人身安全。第一类主要指的是一些无人机的户外活动，甚至和恐怖活动相关；第二类指的是机场附近的"黑飞"，这类事件的出现经常会引起舆论界的轩然大波。例如，在2017年4～5月，在成都双流机场和昆明长水机场多次出现的无人机非法飞行已影响到民航的运行安全；第三类与公共安全和个人隐私有关。2017年上半年，发生的无人机干扰民航正常飞行运行事件高达40余起。2017年4～6月，"黑飞"和"扰航"这两个词在网络等媒体上出现了很高的频率，一时间成了无人机难以摆脱的负面形象。

为了降低无人机飞行干扰航班正常运行的风险，促进无人机相关信息在监控各环节顺畅流转，提高无人机冲突数据报告的规范化程度，优化监管部门及时采取风险缓解措施的决策流程，民航局空管办在2017年5月公布了我国155个民用运输机场的净空保护范围数据，截至2020年4月，共公布173个民用机场障碍物限制面范围数据。2017年7月，飞标司发布了"关于飞行机组报告无人机冲突风险的通知"，并制作了"无人机报告表"供飞行机组使用，以作为无人机位置信息获取途径的重要补充。同年，民航局制定并发布了《无人机围栏》和《无人机云系统接口数据规范》两个行业标准。此后，无人机"扰航"显著减少。其中不得不提的是无人机地理围栏，它为无人机自由地在天空翱翔提供了支持，避免无人机误入"红区"或"黄区"。通过在无人机飞行控制系统中植入地理围栏后，结合无人机系统中的定位等功能，无人机会自动识别其地理位置，一旦判定自身位于地理围栏内，无人机会返航或自动降落。通过地理围栏这一技术手段能很好地解决普通无人机操作人员误闯误进军事重地、核电站、机场等问题。更简单地说，通过使用无人机系统中的地理围栏，可很好地解决非专业人士和普通无人机使用人不知道哪儿能去，哪儿不能去的问题。2018 年 10 月，中国民航科学技术研究院民用无人机检验中心对拓攻机器人公司研发的无人机飞控系统进行了系统安全能力地理围栏等级检验，拓攻成为国内首家通过检验的企业（无人机网，2018）；次年 8 月，亿航通过了民用无人机检验中心的无人机系统安全能力 II 级围栏检验（亿航，2019）。

4.3.2　地理围栏标准

2017 年 10 月民航局正式发布《无人机围栏》行业标准，并于 2017 年 12 月正式实施。该标准由中国民航科学研究院负责起草编制，中国科学院地理科学与资源研究所、中国航空器拥有者及驾驶员协会、北京优云智翔航空科技有限公司、北京国泰北斗科技有限公司、致导科技（北京）有限公司、易瓦特科技股份公司等单位参与起草。标准明确了地理围栏的范围、数据结构、构型、性能要求和测试要求等内容，规定了地理围栏的分类及使用的坐标系统。此外，为了能动态升级和迭代更新地理围栏，该标准还做了一些前瞻性设计，如统一了地理围栏数据格式的基础标准，为今后地理围栏数据的规范发布和接收奠定了坚实基础，同时也降低了无人机制造商和无人机用户的使用成本。

4.3.3　地理围栏的基本概念

地理围栏，也称电子围栏、无人机围栏，是指为阻挡即将侵入或违规飞出特定区域的航空器，在相应的电子地理范围中画出特定区域，并配合无人机云系统或飞行控制系统、保障区域安全的软硬件系统。地理围栏技术需要无人机飞控系统或无人机云系统配合使用。地理围栏模型采用四维空间结构，包括经度、纬度、限制高度和有效时间（图 4-1）。按照在水平面投影的几何形状，地理围栏构型分为三种：民用机场障碍物限制面、扇区形和多边形。地理围栏的经纬度均使用 WGS-84 坐标。

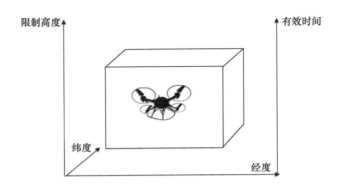

图 4-1　地理围栏模型示意图（中国民用航空局，2017）

4.3.4　地理围栏的构型与有效时间

　　民用机场的障碍物是指一切固定（无论是临时还是永久）和活动的物体，或是这些物体的一部分，它们位于供航空器地面活动地区之上，或突出于为保护飞行中的航空器而规定的限制面，或位于评定为对空中航行有危险的规定限制面之外（ICAO，2018）。为保证民航飞机的起降安全，需要对障碍物进行评估，根据评估结果实行一定高度的限制。障碍物限制面的范围也称净空区，障碍物限制面的要求是根据跑道的使用方式（即起飞或着陆以及进近的类型）来规定的，并拟在跑道按所述情况使用时适用该要求（中国民用航空局，2013）（图 4-2）。

　　民航运输机场净空区一般由端净空和侧净空组成。端净空是一组从跑道两端以远一定距离起，根据不同条件，采取不同的起始宽度和向两侧扩展的斜率及不同的障碍物限制坡度所组成的梯形或舌形的净空限制面，包括起飞爬升面、进近面、内进近面、复飞面等。侧净空是从飞行区两侧开始向外扩展的一组障碍物限制面，包括过渡面、内水平面、锥形面等。

　　多边形地理围栏空间几何构型由不同海拔的底面和顶面组成的立方体构成（图 4-3）（中国民用航空局，2017）。空间几何构型的一个面是由同一平面上的 N 个空间点构成的闭合的空间区域，空间点以真北为起点，在水平面上按顺时针依次命名。顶点顺序为顺时针方向。构成顶面和底面的顶点数量相等。扇区形地理围栏空间几何构型是由不同海拔的扇区形底面和顶面组成的立方体构成（图 4-4）。一个空间的扇区面是由同一平面上的扇区原点、扇区半径和扇区起止方位角（扇区开始真方向和扇区结束真方向）构成的闭合空间区域。

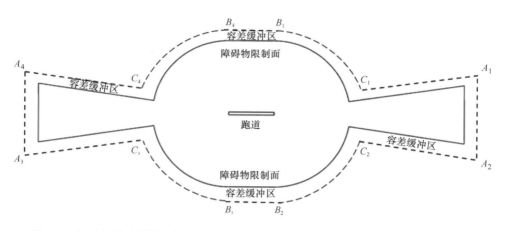

图 4-2　民用机场障碍物限制面保护区及各边界点示意图（中国民用航空局，2017）

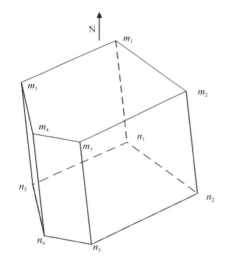

图 4-3　多边形地理围栏示意图
（中国民用航空局，2017）

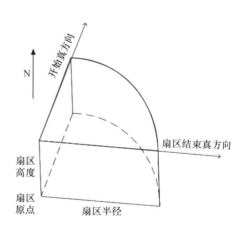

图 4-4　扇区形地理围栏示意图
（中国民用航空局，2017）

　　地理围栏的有效时间是指禁止无人机在该空间范围里飞行的时间段（包括起始时间和结束时间），有效时间可以是多组时间段，每个地理围栏均有有效时间。其中，地理围栏起始时间使用 UTC 时间，格式为 UTC YYYYMMDD TTMM，永久有效的地理围栏在起始时间 UTC 后标注 NONE。地理围栏终止时间也使用 UTC 时间，格式为 UTC YYYYMMDD TTMM，永久有效的地理围栏在终止时间 UTC 后标注 9999。

4.3.5 地理围栏的数据更新要求

无人机云系统应该具有相应的地理围栏数据，需要与政府管理机构数据库同步更新，并具备通过地理围栏对无人机系统进行临时管制的能力。无人机在起飞前应先更新地理围栏。当无人机数据链路实时联网成功，有地理围栏数据需要更新，如果无人机不更新，则不得起飞。无人机飞行过程中可以实时与无人机云系统进行地理围栏数据更新。无人机根据全球导航卫星系统（Global Navigation Satellite System，GNSS）得到当前位置信息，周期性向云端获取当前位置地理围栏信息，并携带版本号和更新半径。如果半径无效则更新全国所有地理围栏，如果无人机无当前位置最新地理围栏数据，则版本号值无效。无人机向云端发送消息的时候携带更新半径参数 R 和当前位置 P。无人机云发送无人机当前位置 P 更新周期最大飞行距离 R 以内的地理围栏，如果 R 等于无人机往返航程，则无人机仅需开机初始更新一次；如果 R 小于往返程，则需要在飞行过程中周期刷新，这取决于无人机的存储能力，依据厂家自定义。

4.4 无人机云系统

无人机云系统（或简称无人机云）（中国民用航空局飞行标准司，2015），是指轻小型民用无人机运行动态数据库系统，用于向无人机用户提供航行服务、气象服务等，对民用无人机运行数据（包括运营信息、位置、高度和速度等）进行实时监测。接入系统的无人机应即时上传飞行数据，无人机云系统对侵入地理围栏的无人机具有报警功能。2015 年 12 月，民航局飞行标准司下发了咨询通告《轻小无人机运行规定（试行）》。该咨询通告对Ⅲ类以上无人机及部分Ⅱ类无人机提出了接入无人机云系统的要求。

4.4.1 已获民航局批准运行的无人机云系统

自 2016 年 3 月，中国民用航空局飞行标准司给优云（U-Cloud）发出第一张"无人机云批准信"，到 2019 年 4 月，民航局飞行标准司给中科天网发出第十一张"无人机云批准信"，一共发出十一张"无人机云批准信"，俗称"十一朵云"。这"十一朵云"中，"飞云"于 2018 年 8 月 31 日到期后资质失效，其余十"朵"目前有效（表 4-1）。

表 4-1 无人机云系统的批准时间及序号

无人机云	批准时间	批准顺序	无人机云系统编号	无人机云提供商	无人机云或提供商网址	批准信期满日期
优云（U-Cloud）	2016 年 3 月 12 日	1	01R1	北京优云智翔航空科技有限公司	https://www.u-cloud.cn	2020 年 3 月 11 日首次更新
优凯（U-Care）	2016 年 3 月 21 日	2	02R2	青岛云世纪信息科技有限公司	http://www.u-care.net.cn	2020 年 3 月 20 日首次更新
飞云（Flying-Cloud）	2016 年 8 月 31 日	3	已失效	中电科航空电子有限公司	https://www.aero-cloud.cn	已到期终止
北斗云	2017 年 8 月 28 日	4	04R1	北京中斗科技股份有限公司	http://www.ccompass.com.cn	2021 年 8 月 28 日首次更新
无忧云	2018 年 1 月 1 日	5	05	北京云无忧大数据科技有限公司	http://www.5u-cloud.com	2020 年 1 月 1 日
大翼	2018 年 3 月 1 日	6	06	南京大翼航空科技有限公司	https://www.airdwing.com	2020 年 3 月 1 日
知翼	2018 年 3 月 21 日	7	07	千寻位置网络有限公司	https://www.qxwz.com	2020 年 3 月 21 日
云网	2018 年 6 月 3 日	8	08	天宇经纬（北京）科技有限公司	http://www.tianyujingwei.com	2020 年 6 月 3 日
极飞云（农业植保专用）	2018 年 9 月 19 日	9	09	广州极飞科技有限公司	https://www.xa.com/about	2020 年 9 月 19 日
拓攻云	2019 年 2 月 12 日	10	10	上海拓攻机器人有限公司	http://www.topxgun.com	2021 年 2 月 12 日
中科天网	2019 年 4 月 4 日	11	11	北京星球时空科技有限公司	http://skygrid.mapscloud.cn	2021 年 4 月 4 日

"十一朵云"由不同背景的提供商运营，各自的系统功能结构及服务侧重点有所不同，用户数量差别也较大，主要包括如下：

1. U-Cloud

U-Cloud 的提供商是北京优云智翔航空科技有限公司，是审批通过的首家无人机云系统（图 4-5），批准时间是 2016 年 2 月 13 日。优云是中国航空器拥有者及驾驶员协会（简称中国 AOPA）无人机管理办公室顺应无人机和"互联网+"发展趋势，利用协会自身优势，与相关部门与企业合作，推动和加速互联网向低空民用无人机监管领域拓展，共同研发的低空空域民用无人机飞行管理动态大数据云系统，可满足数量庞大的无人机群体的飞行数据管理（优云（U-Cloud），2019）。

图 4-5　优云云系统登录界面

图片来源：http://web.u-doud.cn//home/

2. U-Care

U-Care 的提供商是青岛云世纪信息科技有限公司。U-Care 系统（图 4-6）是国内首个基于民用航空行业标准，符合空管雷达数据传输规范的无人机管控系统，于 2018 年 4 月正式改名为优凯飞行。它除了具备无人机与驾驶员管理、飞行计划和服务管理、航空资料大数据等基本功能，还在地图使用、飞行计划审批和空域监管上结合了国内的空域资源管理现状，在系统中直接预留了与军民航空管监视系统的接口（优凯飞行（U-Care），2019）。

图 4-6　优凯（U-Care）云系统主界面

图片来源：http://www.u-Care.net.cn/

3. Flying-Cloud

Flying-Cloud 的提供商是中电科航空电子有限公司（飞云飞行服务系统（Flying-Cloud），2019）。Flying-Cloud 支持互联网、北斗低空雷达、2G/3G/4G 等多种链路数据接入。接入后，无论在室内还是室外，可随时通过电脑、手机 APP 管理和监管各类民用无人机。该系统还结合了禁飞区数据和地理围栏，若无人机侵入地理围栏可自动警告。它还与西南空管局实行了数据对接，可提供更为准确的气象信息。该系统已于 2018 年 8 月 31 日到期终止。

4. 北斗云

北斗云的提供商是北京中斗科技股份有限公司（中斗科技，2019）。北斗云无人机云系统（图 4-7）是具备飞手注册、培训管理、飞行计划管理、无人机低空定位、轨迹跟踪、地理围栏、空中防撞、越界警告、线路优化、气象情报、动态监测、数据（包括位置、高度、速度等统计分析）等功能于一体的智能化管控平台。为配合法规政策实施，它授权植保无人机企业进行数据接入，2017 年极飞科技便将其无人机数据接入北斗云。

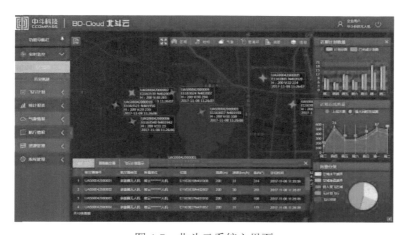

图 4-7　北斗云系统主界面

图片来源：http://www.bd-doud.com.cn/uas/index.html

5. 无忧云

无忧云的提供商是北京云无忧大数据科技有限公司。无忧云（图 4-8）除了能实现无人机的监管功能外，还首次实现了对授权无人机进行简单控制的功能，是由民航局授权的唯一一家能实现 B 级控制的云系统供应商。无人机云系统接口等级分为 A、B 两级，A 级接口可以实现对无人机实时监视，B 级接口则在监视功能外，能对无人机进行简单控制，包括悬停、降落等（无忧云大数据（5U-Cloud），2019）。

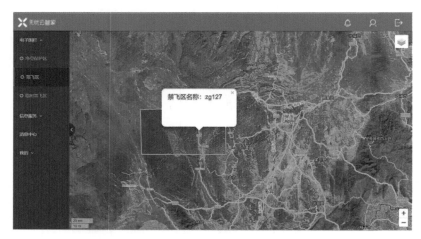

图 4-8　无忧云监控系统主界面

图片来源：http://dy.163.com/v2/artide/detai/D9GE6GNO05149OCK.html

6. 大翼

大翼鹰眼云的提供商是南京大翼航空科技有限公司（大翼航空（Air DWing），2019）。接入大翼鹰眼无人机云系统（图 4-9）后，可查看无人机的连接状态、天气情况和飞行建议，还可进行无人机任务的协同规划与指挥调度、航拍数据的远程实时显示，以及飞行记录和无人机地理空间数据（飞行轨迹、禁飞区）的三维可视化展示以及倾斜摄影数据的建模展示等功能。

图 4-9　大翼鹰眼云系统

7. 知翼

知翼的提供商是千寻位置网络有限公司（千寻位置（Qianxun S I），2019）。知翼可为接入平台的无人机提供 3D 可视化功能，实时跟踪飞行中的无人机。可构建 4D 时空地理围栏，进行空间精细化的动态监管。具备无人机轨迹的事后分析能力。知翼基于运营人、无人机、驾驶员及空域申请等内容构建了监管信息，并融合气象等数据，可多维度助力无人机安全飞行。

8. 云网

云网的提供商是天宇经纬（北京）科技有限公司。云网面向各类无人机用户和服务商，提供远程、实时、宽带的网络测控接入和大数据服务。可提供无人机飞行数据实时传输、存储和分发，飞行数据处理、分析、交易，以及空域、保险、气象、飞行、咨询等一站式服务体系（天宇经纬（北京）科技有限公司（T Y.I W），2019）。

9. 极飞云

极飞云的提供商是广州极飞科技有限公司。极飞云是国内第一个，也是目前唯一一个获批的农林植保专用云服务系统。极飞的云服务系统能够帮助客户在使用极飞无人机进行喷洒作业时，实时掌握作业信息，保证作业安全可溯。同时极飞云也为极飞保障提供历史故障纪录，便于极飞更加极致地为客户服务。实施农林喷洒作业的运营人可在其运行时保存服务相关的喷洒数据。确保极飞的用户能够方便、快捷地接入云系统记录并保存喷洒数据，安全、合规地进行喷洒作业（极飞科技，2019）。

10. 拓攻云

拓攻云的提供商是上海拓攻机器人有限公司（TOPXGUN）。拓攻云可以对民用无人机的运行数据进行实时监测，对无人机运营人、无人机驾驶员、无人机作业空域申请进行管理，对无人机违法飞行行为进行监视和报警，同时可以向无人机用户提供气象服务，与相关部门和其他无人机云提供商共享数据。拓攻无人机飞控系统用户可以通过飞控附带的 4G 通信模块或拓攻的地面站软件（PC/APP）实时上报无人机的飞行数据（拓攻机器人有限公司，2019）。

11. 中科天网

中科天网（图 4-10）由中国科学院地理科学与资源研究所、中国科学院无人机应用与管控研究中心、北京星球时空科技有限公司、深圳飞马机器人科技有限公司、天津中科无人机应用研究院等联合研发，由北京星球时空科技有限公司负责技术维护和运行支撑。自 2012 年始，在科技部国家遥感中心和中国科学院地理资源所积极推动下，多单位联合开展了遥感无人机平台数据库管理研究。2016 年国家遥感中心无人机应用专家组与中国科学院地理资源所联合开展了无人机云端管控研究，并开发中国科学院无人机云端管控系统 V1.0 如来天网（RUNET）系统，2017 年 3 月 26 日如来天网成功投入测试运行。2018 年在如来天网的基础上开发中科天网。中科天网面向科研应用，依托中国科学院野外科学台站布局特点，植入低空公共航路构建与运行，基于全息地图与云计算进行系统设计与构建，为有效支撑服务国内统一的无人机运行管理体系提供技术基础（中国科学院地理科学与资源研究所，2019）。

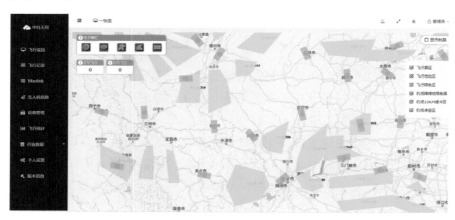

图 4-10 中科天网云系统主界面

图片来源：http://skygrid.mapsdoud.cn

4.4.2 无人机云系统的运行情况

2019 年 2 月，民用无人机检验中心发布 2018 年无人机云数据统计报告。报告对参与无人机云数据交换和共享的 7 家无人机云系统（优云、优凯、飞云、北斗云、无忧云、知翼云和极飞云）的无人机飞行数据进行了统计（表 4-2）。报告显示，2018 年，参与无人机云交换系统进行数据交换的无人机共 3.1 万架，全年总飞行时长达 988625 小时（绝大多数娱乐类无人机属于 I 类无人机，目前无接入云的要求，因此该报告数据不含此类运行）。

表 4-2　2018 年交换系统中无人机云系统季度飞行小时统计

云系统	第一季度	第二季度	第三季度	第四季度	小计
优云	62127	158489	276524	240314	737454
优凯	2171	9107	32180	4462	47920
飞云	0	0	0	—	—
北斗云	1799	18101	46788	876	67564
无忧云	—	379	2185	543	3107
知翼云	—	—	11071	5680	15751
极飞云	—	—	66951	49915	116829
合计	66097	186076	435662	300789	988625

数据来源：民用无人机检验中心《2018 年无人机云数据统计报告》2019 年 2 月 23 日。

综上所述，可以将国内运行的无人机云系统分为三类：第一类是经民航局批准由商业公司运营管理的商用无人机云系统，如 AOPA 的优云和青岛云世纪的优凯；第二类是经民航局批准供科研院所研究应用的公用无人机云系统，如中国科学院的中科天网；第三类是尚未经民航局批准由云系统主体单位自运行的系统，如大疆的 GEO。

以上云系统都充分利用了互联网的云计算和云存储能力，可以实时上传无人机产品序列号、登记人资料等静态信息和无人机位置姿态等动态信息，并长期存储数据。除此之外，地理围栏的实时更新信息和报警信息也在无人机云系统中得以体现。各云系统均符合民航局《轻小无人机运行规定（试行）》和《无人机云系统接口数据规范》相关规定。除此以外，各云系统在业务功能和数据传输模式上有自己的一些特点，如优云因为最早入驻无人机云行业，接入的无人机数据在数量上远大于其他无人机云，此外还提供飞行计划快速批报服务；优凯完全按照空管运行系统标准开发，除了具备一些基本的飞行管理功能，还预留了与军民航空管监视系统的接口；无忧云具备对无人机进行简单控制的功能；知翼云具备三维可视化功能等。

无人机云系统的兴起为无人机监管手段带来了新鲜的活力，但在发展中仍存在一些普遍问题，如当下各无人机云提供商未建立与相关部门或其他无人机云提供商的数据分享机制，无人机云系统中普遍缺乏相应的路网，这使得决策部门在审批无人机飞行计划时缺乏航路及其环境评估的科学依据，给决策带来不便。

4.5　无人机交通管理

作为未来空中交通的主体，无人机的科学交通管理对于立体交通体系构建兼具强烈的现实需求和长远的未来发展意义，当前关键技术主要围绕无人机的云端监管与验证仿真。

4.5.1　无人机交通管理研究背景

近几年来，国内外无人机的研发、设计和应用发展迅猛，逐渐形成了一个具有庞大体量、不断发展的新市场。无人机运行管理给各个国家都带来了挑战，无人机运行监管存在创新不足、与现有管理体系不兼容等问题。总体来看，美国、中国、澳大利亚、英国等国家普遍采用基于运行风险的分类管理思路，明确运行中的各责任主体，采用跨领域联合监管机制，从低空低风险的运行开展法规体系与监管系统建设，解决近年来安全问题与经济发展矛盾最突出的问题。

1. ICAO

ICAO 提出以无人机运行为中心、以风险为基准、分类分级的管理方法：①遥控驾驶航空器系统（Remotely Piloted Aircraft System，RPAS）远程驾驶航空器，也可以称之为大型无人机的类别，其管理方法和传统航空的做法保持一致；②其他无人机，即小型无人机，ICAO 采用了开放的管理理念，开发了无人机工具包，从无人机空中交通管理系统、注册体系和网络系统实现物流运输等方面进行指导。

为了处理越来越多的低空申请，2019 年 ICAO 发布了《UTM——一个具有核心边界的全球统一的共同架构》，旨在为正在考虑实施无人机交通管理（Unmanned Traffic Management，UTM）系统的国家提供 UTM 系统的框架和核心功能指导。民航局和空中导航服务提供商（Air Navigation Service Provider，ANSP）通过 UTM 在涉及的空域范围内，将能够直接向 UAS 运行人员或 UTM 服务提供人提供有关空域限制和飞行意图的实时信息，UAS 运行人员将根据这些限制条件安全地管理他们的运行，不用接受 ANSP 提供的空中交通管制服务。

2. FAA

1990 年美国准许无人机进入国家空域系统，之后由于民用无人机数量快速增加，FAA 开始采用无人机监管手段，并于 2007 年禁止了无人机的商业用途。之后陆续发布了《2012 年 FAA 现代化与改革法案》《民用无人机系统融入美国国家空域系统的路线图》以及"Part107"。除用于个人娱乐的航模及小于 25kg 的无人机运行以外，其他无人机如果在美国空域飞行，主要遵循以下三种监管途径。

1）小于 25kg 的无人机，按照规定在 G 类空域运行，无须批准或授权。如果超出规定的运行限制，需要申请豁免并获得 FAA 批准；若在临近机场的管制空域飞行，需要通过低空授权和通知协调能力系统（Low Altitude Authorization and Notification Capability，LAANC）和无人机运行服务系统（UAV Service System，USS）获得 ATC 批准；如果需要运行限制豁免与 ATC 批准，则由 FAA 统一受理。

2）对于大于 25kg 的商业用途无人机，需要按照 49USA44807/FEAAS2210 向 FAA 申请豁免，获得豁免或授权证明书（Certificate of Waiver or Authorization，COA）。进入管制空域飞行，应遵守相应空域的飞行规则，ATC 为其提供管制服务。

3）除此以外，无人机进入国家空域系统（National Airspace System，NAS）空域运行与有人机相同，都需要型号设计与适航认证。

为解决无人机进入低空空域运行造成的拥挤和安全问题，FAA 委托 NASA 研究了 UTM 的运行概念、规划路径等相关功能。

3. EASA

欧洲无人机的监管思路是：围绕无人机实际运行，基于无人机性能及风险进行适度的监管。为此，对无人机运行进行分类管理：①开放类，对于低风险运行的无人机，不要求无人机运营人在开始运行前获得授权或提交声明；②特许运行类，要求无人机运营人在开始运行前进行风险评估，并获得国家航空当局的许可；③审定类，监管机制与有人驾驶航空类似，无人机运营人和无人机持证驾驶员均需经审定。

EASA 于 2019 年 6 月在其官网上发布了"欧洲无人机通用法规"，以确保欧洲范围内无人机操作和运营的安全可靠。针对欧洲低空无人机交通管理，欧盟委员会提出了 U-Space 空域蓝图，欧洲单一天空计划（the Single European Sky ATM Research，SESAR）启动了该项目的研究，并发布了实施路线图。同时也在进行大规模的演示项目，在欧洲的多个国家开展测试飞行。

4. CAAC

在中国，国家部委、各省（区市）自 2016 年起分别发布了从实名认证管理、低空飞行服务保障、到新职业规划等系列政策，规范和促进无人机产业的发展。2017 年 12 月，工信部印发《关于促进和规范民用无人机制造业发展的指导意见》，要求民用无人机采用加装通信模块、国家制订的统一传输协议等手段，将无人机相关产品纳入国家统一管控。2018 年 2 月 3 日，民航局正式发布《低空联网无人机安全飞行测试报告》，深度研究测试了蜂窝网络用于无人机监管的有效性，进一步验证了"利用现有蜂窝网络对低空轻小无人机进行监管"的技术可行性。2018 年 12 月 6 日，民航局召开民用无人驾驶航空器管理领导小组第一次会议，对制定民用无人驾驶航空器交通管理解决方案的工作进行了具体部署，要求深入研究，综合考虑空防安全、公共安全和民航运行安全，依托社会管理资源，结合飞行服务体系的建设，通过信息数据的交互联通，形成一个现实有效的运行管理解决方案。同年年底，民航在深圳、四川等地成立管理机构，协同空域管理试点，成为全国首批低空空域协同管理试点区域。

4.5.2 识别、监视与反制等技术

1. 无人机身份识别技术

身份识别可以有效地确认责任归属、为无人机安全融入当前机场和空域提供服务，是整个无人机监管及无人机交通管理系统的起点和基础。识别的目的是确定责任和提供服务，因此与责任和服务相关的信息是身份识别的核心内容：一是航空器的信息，这些信息可能包括整机、飞控、发动机、螺旋桨和所需通信性能；二是所有人或占有人的信息；三是运营人的信息。关于无人机标识与识别标准进一步信息可参见 2.4 节。

按照修订后的《国际民用航空公约》附件 7 要求，需要取得适航证的较大的无人机同有人驾驶航空器一样，作为航空器的一种，不仅要进行国籍登记，取得国籍登记证，而且还要随机携带国籍登记证，使用包括喷涂在内的适当方式展示国籍和登记方式。但是小型的，尤其是 25kg 以下的无人机，限于其尺寸、重量、形状和其他特征，并不完全适用于前述传统的措施，或者使用前述措施成本过高，缺乏合理性和可行性。对于这些小型的无人机，需要新建一套身份识别规则和技术体系。由于这类无人机通常在国内运行，因此需要各个国家根据具体情况建立不同的规则，同时尽可能协调各国家、地区的规则，以便全产业发展和行业应用。

美国联邦航空局 2016 年 1 月开启了美国境内无人机注册登记工作。重量在

0.55～55 磅（合 0.25～25kg）的无人机都必须注册。用户主要登录 FAA 无人机注册网址：https：//registermyuas.faa.gov，通过邮箱注册，并填写无人机与个人信息，最终颁布 FAA 的无人机许可证，包括机主姓名，还有许可编码，并提示无人机必须在 400ft（122m）以下飞行（图 4-11）。

图 4-11　美国无人机登记注册界面

图片来源：http://registermyuas.faa.gov

2017 年 5 月民航局颁布《民用无人驾驶航空器实名制登记管理规定》，并上线了"民航局民用无人机实名登记信息系统"。民用无人机登记标志包括登记号和登记二维码，民用无人机登记号共有 11 位字符，前三位为字母 UAS，后 8 位为阿拉伯数字，采用流水号形式，范围为 00000001～99999999，如登记号 UAS00000038（图 4-12）。民用无人机登记二维码包括无人机制造商、产品型号、产品名称、产品序号、登记时间、拥有者姓名或单位名称、联系方式等信息，进一步信息见 2.5 节。

图 4-12　中国无人机登记注册二维码及登录界面

图片来源：http://uas.caac.gov.cn

2. 无人机监视技术

根据民航无人机云交换数据信息统计，90% 以上的无人机在低空百米高度飞行。在低空空域进行飞行活动的飞行器一般具有"低慢小"的特点，飞行速度不超过 200km/h，雷达反射面积不足 2m²。在低空活动的无人机系统类型较多、性能各异、技术水平参差不齐，无人机可随时、随地放飞，地面建筑物多、人员密集，低空飞行目标小、飞行高度低，常规预警系统难以发现。由于目前国内尚无完善的无人机系统管理，擅自利用无人机系统违法违规飞行屡禁不止，极大危害国家安全、公共安全和航空安全。无人机监视技术是保障低空空域安全的关键。

按照无人机运行特点，可将其分为合作与非合作两类。合作无人机的监视手段主要包括二次雷达、ADS-B、北斗、4G/5G 公共网络等方式。二次雷达具有空管询问功能，当天线的波束指向低空合作目标飞行物的飞行方向时，机载应答机调节自身的发射装置以作出回应。ADS-B 系统是一种集通信与监视于一体的信息系统，地面站接收通过 1090ES 数据链传输的机载广播 ADS-B 信息，建立并跟踪目标航迹，实现飞行目标的自动相关监视。ADS-B 发射信息主要包括飞机经度、纬度、高度和时间信息。ADS-B 系统与二次雷达系统一样通过 1090Mz 频段接收机载 ADS-B 广播信息，两系统相互配合协同工作，可有效监视低空协作目标。

针对非合作无人机，主要采用可见光监控及红外/热磁监视。可见光监控系统由摄像、传输、控制、显示、记录五部分组成，可见光监视能够提供实时、真实、丰富的图像显示，但是在光线不够充足，如夜间或者大雾、沙尘等恶劣天气条件下，图像的品质和监视的能力会降低；自然界中的一切物体，只要其温度高于绝对零度（−273℃），都会不可避免的辐射电磁波，包括红外能量辐射、热辐射和电磁辐射等。不同种类的目标（如飞机、船舶、车辆、人、动物等）发射的红外光波段不同，利用波段的差异性，可以实现对不同种类的物体和目标的探测与跟踪。红外/热磁监视则因为其优良的环境适应性和主动探测性而非常适合夜间及雾霾、粉尘等恶劣天气条件，但红外/热磁监视是通过接收目标自身辐射/反射的电磁波来达到监视的目的，因而会受到日光照射的干扰，并且由于白天各种活动频繁，各类目标辐射电磁波交错复杂，也会带来不可避免的干扰。因此，可以将可见光/红外/热磁成像进行联合应用，利用图像识别处理技术实现低空入侵目标的监视、追踪和取证。在不同的条件下发挥各自的优势，进行优势互补，实现全天候复杂气象条件下实时、稳定的运行。

3. 无人机反制技术

由于缺乏统一的行业标准和规范，准入门槛低，多数无人机都处于"黑飞"

状态，导致入侵重要区域、设施的事故频繁发生。世界各国开始研究无人机反制技术，研发"反"无人机系统，以降低威胁。根据文献（石红梅和谭晃，2016；王克，2017）归纳当前主要应用技术如表 4-3。

表 4-3　当前无人机反制技术实例

类型	部署系统	功能
信号干扰	美国 DroneDefender 波枪打击技术	外形酷似步枪，对实时遥控型无人机或依靠 GPS 导航的无人机有效，打击范围 400m
	欧洲空客集团反无人机系统	干扰目标信号的频率，配有雷达、红外相机和定向仪，侦查距离 5～10km，基于信号数据库，可以对无人机信号进行分析，通过干扰台切断无人机与操作员的联系，通过定向仪追踪人员位置
	瑞典"长颈鹿"雷达系统	瑞典萨博公司，"长颈鹿"捷变多波束雷达系统属于地面和海洋的二维或三维 G/H 波段被动电子扫描阵列雷达家族系列，可在提供海岸监视能力的同时，对固定翼飞机、直升机、地面目标、干扰机和弹道目标进行分类与跟踪
雷达探测	意大利"猎鹰盾"系统	意大利芬梅卡尼卡集团 SELEX ES 公司，用摄像机、雷达和先进的电子设备监控无人机接收和传输的信号，从而对其进行追踪并确定其类型。一旦锁定目标，"猎鹰盾"就会利用其专有技术控制无人机，甚至致其坠毁
	墨西哥 JAMMER 公司防卫系统	可干扰 2.4G 和 5.8G 信号，用于压制绝大部分消费级无人机
	美国 Drone Shield 公司监测系统	利用雷达或麦克风来监测无人机的技术。美国已经在监狱、体育赛事和政府大楼提供安保
激光炮击落	波音紧凑型激光武器系统	该系统外形小巧，方便携带，在全功率模式下，2s 就可以让无人机外壳着火，精度较高，目视范围内均可使用
综合型技术	英国反无人机防御系统 AUDS	俗称电磁干扰射线枪，可以全天开机，使用雷达和光学仪器搜索无人机，通过动态定位和视频追踪系统进行追踪，定向发射大功率干扰射频，切断无人机与控制中心数据连接或者无线电通信，由三个子系统和一套总控设备组成
	泰利斯公司组合装备	是一套由雷达、声像探测器、定向仪、射频和视频定位器和激光扫描装置组成的组合设备
	无线电控制	通过接收器追踪无人机，采用电子信号照射无人机并获取控制权
其他技术	微波干扰	射频武器，利用高能量的电磁波辐射攻击和毁伤目标，作用距离远，受气候影响小，火力控制方便
	声波干扰	利用声波使无人机陀螺仪发生共振，输出错误信息，导致坠毁，如果声音达到 140dB，可以击落 40m 外的无人机
	黑客技术	通过攻击无人机的实时操作系统，获得完整的控制权限
	激光雷达	地基系统，采用轻型激光测距指示器，并配有固定的方向架，向火力系统提供精准的目标数据
	无人机捕获网	发射定制网兜捕获无人机

（1）无人机干扰

无人机通过无线电技术来实现定位、遥控和图像传输等功能，因此可以通过无线电干扰使得无人机失控或返航。这种技术手段被广泛应用于侦查无人机（樊邦奎，2019）。

1）对上行信号的干扰。目前，无人机的 GPS 定位和遥控必须使用无线电技术。无人机的操作员发送上行信号（从地面向无人机发送），遥控无人机飞抵目的地。如果干扰上行信号，无人机将失去控制，只能按照飞控程序预设的路线运行（通常是原地降落、悬停或者返航出发点）。

2）对 GPS 信号的干扰。空中 GPS 信号比较微弱，接收电平大约为–130 dBm，低于背景噪声，通常使用 3～6 dB 增益的无源天线接收。民用 GPS 信号是宽带扩频信号，对其进行部分频带干扰的效果较差，全频带干扰效果较好。无人机上的 GPS 天线多安装在机体顶部，便于接收信号。无人机的外壳和天线安装的位置与方向，对隔离度都有所影响。如果干扰带宽适中，则只需较小的发射功率，就能影响到较大范围内的无人机 GPS 接收。

3）对遥控信号的干扰。遥控信号的强度大于 GPS 信号，但是遥控接收天线的主瓣方向必须朝向地面，所以不能像 GPS 天线那样对地面干扰提供隔离。目前，遥控端普遍采用跳频、扩频技术，跳频参数实现自适应调整，具有一定的抗干扰能力。干扰者因为对其参数不能完全掌握，只能进行全频带覆盖，所需要的干扰信号功率将非常大，而干扰效果却不一定好。目前，遥控端可以根据干扰的情况自动调整跳频频率，所以窄带强干扰效果不佳。除了频域上的宽带干扰，还可以采用脉冲干扰源，但是这两种手段，干扰效果都不太好。

4）阻塞干扰。阻塞干扰是指较强的干扰信号与有用信号同时进入接收机，强干扰会使接收机链路的非线性器件饱和，产生非线性失真，导致接收机对正常信号的处理能力降低，接收机无法正常工作。天线信号进入接收机后，一般经简单的滤波以后就进入低噪放和混频器，它们的动态范围比较小。采用扩频、跳频技术的接收设备由于具备较宽的前级，更容易发生阻塞。如果增强干扰信号，接收机将完全收不到有用信号。如果接收机前级没有适当的限幅电路，更强的干扰能将其烧毁。阻塞干扰手段简单且效果好，目前是较为常用的干扰手段，但由于辐射大，一般不能做到持续发射。

5）瞄准式干扰。瞄准式干扰是指用于干扰的载频与对方通信频率重合，频谱宽度基本相同，而功率明显强于对方通信信号，是一种针对性干扰。瞄准式干扰需要让接收机与发射机分开布置，高性能的监测接收机进行持续的监听，当发现遥控信号后，立即施放干扰发射。监测接收机发现遥控信号消失，则停止干扰。瞄准干扰的主要难点是响应速度和瞄准精度。响应速度的难点在于跳频信号的单频点的驻留时间极短，干扰设备需要在这极短的时间内完成监测、分析、传达、发射等任务，干扰发射机也需要足够快达到相应功率。瞄准精度的问题在于无人机体积较小，在其飞升到足够高度时，目视不能精确地锁定目标，需要辅助装置的协作。

（2）对无人机的反制

1）GPS 欺骗。禁飞区设置：出于安全方面的需要，一般在城市重要区域、机场都设置了禁飞区，大多数无人机在禁飞区是不能起飞的，即使到达了禁飞区也会自动降落。禁飞区位置欺骗是一种重要的反制方式，即通过发射比卫星更强的 GPS 信号，欺骗无人机并让其认为处在禁飞区范围内。GPS 欺骗信号分为两种：一是录制禁飞区内的 GPS 信号，然后在无人机附近重放，因为欺骗信号相比 GPS 卫星信号较强，让无人机接收到错误的 GPS 信号；二是制作 GPS 信号，这种方式具备更好的普适性，但需要较强的技术能力才能实施。

返航点欺骗：无人机启动后，一般会将当前的定位位置设定为返航点。如果遥控器和无人机失联，无人机会自动返航。虽然返航点位置未知，但通过发射一个可以作为参照物的 GPS 信号，可误导它当前所处的位置从而改变返航点。

轨迹欺骗：无人机的航点飞行，即在地图上预先选点，无人机沿着选点行进形成飞行轨迹。此功能同样基于 GPS 定位，如果无人机接收到的 GPS 信号被欺骗，其对于选点的位置行进路线的规划也会随之发生变化，从而去往错误的位置点。

2）硬件植入 GPS 欺骗。无人机通过 GPS 模块来定位，如果在 GPS 模块和无人机的主控之间加入硬件，实现通信信息的劫持，可以更加有效地实现对无人机的控制，毕竟堡垒最容易从内部攻破，但这需要政策的允许和厂商设计的配合。

3）控制信号干扰与劫持。大部分无人机通信信号一般使用的频段为 2.4 GHz 或 5.8 GHz，如果其通信使用无密码或者弱口令，那么使用定向天线就能远距离入侵无人机或者遥控器，从而实现信号的劫持。或者，使用大功率信号干扰器对无人机使用频段进行阻塞式压制发射，可使无人机无法正常工作从而返航或者原地降落。

4）声波干扰。无人机中的陀螺仪的功能是提供机体倾斜、旋转及方向角度等信息，以保持机体平衡。利用外部声波可使无人机的陀螺仪发生共振并输出错误信息，从而扰乱无人机的平稳飞行导致其坠落。国外相关实验结果表明，如果声音足够强（达到 140dB 及以上），声波可以击落 40m 外的无人机。

5）热武器或激光炮。通过使用热武器或激光炮对无人机进行攻击，致其坠毁。使用激光武器，甚至可以精确瞄准一架无人机的任何部分，将其击伤而不是击毁。

4.5.3　无人机交通管理系统

近年来，在美国、欧洲等民航发达国家和地区的推动下，ICAO 和 JARUS 都在制订 UTM 框架和运行指导材料，旨在提升民用小型无人机运行的安全（Safety）、安保（Security）、效率（Efficiency）、效能（Effectiveness）、可扩展性（Scalability）和私密性（Privacy）。

UTM 在战略层面主要需解决民用小型无人机隔离运行各类空域划设问题，包括禁区、限制区、可飞空域（低空隔离娱乐空域、低空隔离作业空域）等。在战术层面主要需解决民用小型无人机交通管理的运行流程，包括飞行前飞行计划审批和冲突预测，飞行中空中交通服务、冲突探测解脱和航线动态规划，飞行后数据备份和统计分析等。

UTM 首先要解决登记注册、通信及地理围栏等关键技术。据 ICAO 公布的 UTM 架构，一个完备的 UTM 应能够实现下述功能（又称"最小安全问题集"）（ICAO，2019）：民用无人机及驾驶员登记注册；地理围栏及可飞空域动静态划设优化；容量及流量管理；天气信息显示；飞行计划管理与追踪；合作目标的身份认证与动态监视；合作目标的冲突探测、近地探测及越界飞行的预警；多种形式的信息发布服务；大数据存储、备份、统计与分析；提供适当和必要的准确地形和/或障碍物数据（如地理信息系统）的服务，以满足个别 UAS 运行安全和任务需要等。中国科学院近期研究建议，理想的 UTM 还应该包括无人机公共航路，才能更好地管理量大面广商业化应用的无人机（徐晨晨等，2019）。当前，较具影响的 UTM 解决方案有：面向美国 UTM 的 LAANC 方案；面向欧洲 U-Space 的 DREAMS（Drone European AIM Study）方案；新加坡针对人群密集市区提出的 uTM-UAS（Urban Traffic Management of Unmanned Aircraft System）方案，以及我国提出的无人机运行管理方案（UOM）。下面是几个主要方案的不同发展阶段的概述。

1. 美国 UTM

NASA 主导研制的 UTM 是一个 400ft（约 120m）以下超低空空域的非管制空

中交通管理系统，是在 2015 年 7 月份举办的无人航空器交通管理大会上提出，并在 2017 年 1 月通过签署合作协议确定的。其主要目的是通过确定服务内容、角色/责任、信息架构、数据交换协议、软件功能、基础设施和性能要求，以保障大量无人机同时在超低空飞行而不发生撞击事故。这套系统将独立于现有运行的空中交通管理（Airtraffic Management，ATM），并与之互补。主要由应用层、服务层、数据层和用户层等方面构成。

应用层是来自监管部门的顶层设计，为 FAA 的 ATM 系统、机场空域等 FAA 用户、行业用户和大众提供 UTM 数据应用接口，并提供 FAA 官方网站入口和系统管理功能；服务层主要是支撑 UTM 的几大核心功能，包括：轻小型无人机注册、低空授权和通知协调能力（LAANC）、动态限制和信息共享的 UTM 试点计划（UTM Pilot Program，UPP）、空域批准和远程识别预定服务的飞行信息管理系统（Flight Information Management System，FIMS）及若干自定义的附加服务等；数据层主要包括无人机注册数据库、LAANC 数据仓库、UPP 数据仓库和待定的附加数据；用户层主要包括政府用户如空中交通管理、人力资源和市场评估等。还包括行业和社会公众，如无人机驾驶员、无人机服务提供商（USS）、国家实体部门、无人机爱好者和第三方应用等。

用户通过一定的数据协议格式以及表述性状态转移（Representational State Transfer，REST）接口向 UTM 请求服务，UTM 的各种服务能力利用内部数据源和外部数据源，基于事件驱动返回响应应用用户的信息。

NASA 主导研制的 UTM 的发展分为四个阶段，分别是阶段一：2015 年具备郊区的视距内飞行的无人机交通管理能力；阶段二：2016 年具备郊区的超视距飞行的无人机交通管理能力；阶段三：2018 年具备在人口密度适中区域的无人机交通管理能力；阶段四：2019 年具备在人口稠密区域的无人机交通管理能力。

2. 欧洲 U-Space

U-Space 是 SESAR 联合执行体（Joint Undertaking，JU）于 2017 年 6 月制定的无人机安全运行的空域蓝图，旨在通过设计一系列依赖于高度数字化和自动化的服务和特定流程，在保证大量无人机飞行中的自身安全和地面安全的前提下，合理高效地利用各等级空域。U-Space 的核心元素是一系列确保无人机在所有等级的空域中安全和高效运行的联合的管控服务和相关功能，这些服务由不同的 U-Space 服务提供商提供（USP），但服务提供商需要在无缝和安全的互操作环境中及时准确地进行合作和数据交换，以确保具有完全相同的态势感知，从而从战略或战术角度对空域交通流量风险进行管控和消解。U-Space 框架内的服务将通过与 ATM 的适当接口来支持无人机操作的数量和种类的增长，最终整个空域将演变成一个全面集成的支持有人机和无人机运行的环境。

EASA 主导的 U-Space 被规划为四个阶段，分别是基础服务阶段：2019 年具备电子登记注册、电子身份识别、预战术阶段地理围栏设置能力；初始服务阶段：具备与空中交通管制流程交互、飞行动态监视、战术阶段地理围栏设置、飞行计划管理及追踪、提供气象信息能力；高级服务阶段：初始服务能力提升阶段；全域服务阶段：高级服务能力的完善阶段。其关键前沿技术和相关政策制定详见 6.1。

3. 中国 UTMISS 与 UOM

针对国内低空飞行器管理现状，为提高空域安全和利用率，民航局牵头在深圳地区开展无人机空管信息服务系统研究和试点工作，通过试点形成信息化系统——无人驾驶航空器空中交通管理信息服务系统（UTMISS），实现用户和管理方的需求和信息的交换，向用户及时传递各相关部门的管理要求，向空管和相关安全部门报送无人机运行信息，建立一套高效的管理方式，在现有体制下，实现 120m 以下轻小型无人机安全、灵活运行（图 4-13）。

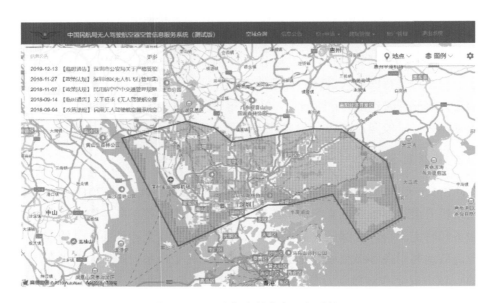

图 4-13 无人机空管信息服务系统

中国正在面向未来建设全国统一的低空飞行器运行管理平台 UOM。UOM 将实现对低空飞行器管理做到"底数清、动向明、管得严、控得住",充分利用大数据、物联网、卫星定位、互联网+等先进技术,实现对低空飞行器的全生命周期、全天候、全方位、全视角监管,形成完整的"放管服"机制,以低空飞行器的空中交通安全指挥运行为核心,构建完善的管理服务体系,为未来建设低空运行中的通航飞行器与无人机的融合运行提供制度与技术支撑。

该平台建设将在现有的管理技术上,引入新技术新理念,从机制入手,整合资源,形成全国统一的民用无人机运行管理综合平台。平台以民用无人机管理中的"人、机、环、用"四个核心要素为基础,通过基础信息管理、飞行计划审批、飞行过程动态跟踪等方法,逐步实现对民用无人机的立体化、全方位、全过程的管控,并通过行业管理、空运管控、政府协作、社会服务四个方面,构建信息纵向贯通、横向协作的协同管理机制,真正做到在保障安全管理的同时,推动低空飞行的发展和应用。

2020~2022 年,UOM 建设将以全国民用无人机监管体系与运行数据为基础,采用"整体构建、分步实施、机制优先、立足实用"的基本思路,以"小步快走"的建设模式,在各地区开展空中交通运行管理应用试点,并为未来建设全国民用低空飞行器监管数据建设和科学管理奠定基础。

UOM 的协调管理层将由行政管理平台、运行管理平台、政务协作平台、公众服务平台共计四部分组成。

(1)行政管理平台

行政管理平台将航空器拥有者、驾驶员、商业运营人、航空器制造商、无人航空器在研发、生产、使用、运行、驾驶员培训考核等全生命周期信息,以及运营许可、适航审定、实名注册登记认证等管理环节整合为一个统一的信息采集、分类、结构化处理平台,形成驾驶员管理数据库、拥有者数据库、商业运营人数据库、厂商产品基础信息数据库、适航审定数据库、航空器实名登记信息数据库共计六个基础信息库,为整个平台系统提供基础管理信息静态数据。

(2)运行管理平台

运行管理平台规范和明确了空中交通服务系统(实名验证、起飞位置验证、飞行计划审批)、运行管控系统(飞行空域、飞行过程)监控与报警、基于运行安全风险的实时评估和预警、飞行信息动态数据采集、非合作目标探测与反制管理等运行过程关键环节,制定了使用场景与航空器自身性能相结合的分类飞行安全管理原则，建立飞行计划数据库和飞行信息数据库，结合国内民用无人机行业发展趋势和 5G 通信网络等基础设施建设规划，建立运行信息的实时采集与可视化监管预警体系，为低空民用无人机提供飞行安全服务。

（3）政务协作平台

政务协作平台针对相关行业管理的国家部委提供全国唯一的综合管理信息接口及行业信息查询服务，主要解决空管委、工信部、公安部、自然资源部、农业农村部等国家部委对民用无人机的信息共享需求问题，针对性地解决如植保、国土测绘等专业管理需求；完成相关政府部门为系统平台提供工商信息校验、个人身份信息校验接口及地理围栏信息管理等功能。

（4）公众服务平台

公众信息服务平台针对航空器拥有者、运营商、生产商、驾驶员、培训机构方等提供个性化信息查询服务，提供对驾驶员、运营商等的信用查询服务，提供可飞空域信息查询服务，以及航行情报公开信息发布服务，提供行业相关政策法规查询服务，解决行业信息不透明的乱象问题，为无人机的使用提供安全、透明的信息与信用环境。

此外，UOM 的网络与支持系统按照全新设计完成本项目所需的主机及存储设备、网络及安全设备、数字认证系统、基础软件、信息共享、外部接口应用支持系统等基础软硬件设施。

下一步工作重点将主要是针对区域隔离空域低空飞行活动，以动态空域划设、冲突预测与调配、容流匹配等为重点，将信息系统向无人驾驶航空全领域发展，实现 UOM 和 ATM 融合，最终实现无人与有人驾驶航空的融合。

第 5 章　应用与保障技术

　　无人机应用技术和保障技术是一对密不可分的孪生体，互为促进，协调发展。随着无人机应用与典型应用场景：遥感测绘作业、资源环境观测、公共安全、应急救援、管网巡护、农林植保、物流运输、疫情防控、无人机遥感数据航母大气探测和验证测试等紧密融合，在极大提升生产力的同时，也促进了管理技术的快速发展与革新。

5.1　对地观测与遥感技术应用

　　对地观测与遥感是无人机最典型应用场景之一，随着平台、载荷、测控和数据处理等技术的发展，无人机对地遥感观测已基本取代了传统有人机航空遥感遥测，成为支撑对地观测领域发展的中坚力量。随着无人机在遥感测绘作业、资源环境观测、公共安全、应急救援、管网巡护、农林植保、物流运输、疫情防护和大气探测等方面应用的普及，无人机在空-天-地一体的空间信息获取体系中扮演着越来越重要的角色，而低空遥感组网和验证场测试飞行技术则为无人机遥感技术的实际应用提供了有力支撑。

5.1.1　遥感测绘作业与管理

　　近年来，遥感测绘使用的无人机取得了长足发展，目前遥感测绘作业已成为国内民用无人机应用较为广泛、也最典型的应用领域。如何实现遥感测绘无人机的安全、高效管理是国内民用无人机管理的重要组成部分,对规范行业作业、强化统筹管理具有十分重要的作用。遥感测绘作业无人机的操作与管理应按照国家相关法律法规规定,严格实施无人机登记注册制度,作业人员必须持证(无人机驾驶证)作业,且必须取得空域许可后再进行航摄作业,图 5-1 给出了一些无人机遥感测绘产品数据案例。按照工作性质可以划分为常规飞行验证测试作业、正常航摄作业及应急航摄作业三种不同的场景,应结合不同的应用场景采用不同的管理措施。

图 5-1　多源无人机遥感测绘产品数据示意图

1)常规飞行验证、功能验证、测图精度验证等验证性的测试作业是遥感测绘作业中比较重要的一种作业环境,这种测试相对较多、目的性较强,验证场地也相对比较稳定,主要集中在当地具备空域的航模基地、试验场地、娱乐性飞行空域场地等,场地的空域一般由运营单位负责常年申请,使用单位需要按照运营单位要求提交飞行计划,并由运营单位负责统计汇总后再向相关部门提交飞行计划,审批之后方可使用。这类场地在本章后半部分有专门介绍。

2)正常的航摄作业首先需要由航摄项目所在的地方政府出具《航空摄影空域申请报告》,申请报告包括航摄范围和航摄所需要的时间计划等内容。航摄范围略图作为《航空摄影空域申请报告》的必要附件一并报送航摄区域所属的战区。此外，还需获得战区作战局同意对地航拍的批复及战区空军参谋部同意使用该空域的批复文件，最后在整个航摄任务执行的周期中，需在拟飞行前 1 天 15 时向飞行管制部门提交飞行计划，飞行管制部门会在拟飞行前 1 天 21 时前做出批准或不予批准的决定并通知申请人，申请人结合审批决定开展航摄作业。

3）按照《自然资源部办公厅关于进一步做好应急测绘保障工作的通知》要求，应急测绘是为应对自然灾害、事故灾难、公共卫生事件、社会安全事件等突发公共事件提供高现势性、高可靠性、高效率地理信息成果和技术支撑的基础性工作，灾情一旦发生，要立即启动应急测绘保障预案，开通成果提供绿色通道，各自然资源主管部门主动与本地区政府部门或应急管理部门沟通联系并保持信息畅通，积极提供已有适用的各类测绘地理信息，并根据有关方面的实际需求和要求，及时开展航空摄影信息获取、实地测绘、数据处理和加工制作、地理信息系统研发等工作。在这种应急测绘应用场景下，采用无人机开展航空摄影数据获取的空域协调、申请工作由领导小组办公室提出建议，报经领导小组批准后，及时开展航空摄影获取相应测绘成果。

5.1.2　资源环境观测和管理

由于无人机遥感系统具有成本低、安全性高、机动性强和分辨率高等特点，无人机遥感在环境保护和资源监测等领域的应用中有得天独厚的优势。

传统的环境监测通常采用点监测的方式来估算整个区域的环境质量情况，具有一定的局限性和片面性。无人机遥感系统具有时效性高、灵活观测等特点，可迅速查明环境现状。通过搭载的多光谱成像仪生成多光谱图像，基于不同光谱波段的反射率，对水质富营养化、水华、水体透明度、悬浮物、排污口污染状况等参数进行反演，从而达到对水质特征污染物监视性监测的目的。对于突发的环境污染事件，无人机遥感系统可克服交通不利、情况危险等不利因素，快速赶到污染事故所在区域，实时获取事故现场和污染状况态势。如无人机搭载荧光激光雷达可对水面油污染进行监测，搭载热红外成像仪可对秸秆焚烧点进行快速排查等。

无人机遥感还可以在生态资源监测和管理中发挥重要作用。林业部门可采用无人机遥感系统获取不同时期同一片区域的无人机遥感影像，通过逐年影像的分析比对或植被覆盖度的计算比对，可以清楚地了解到该区域内森林资源的动态演变情况。无人机搭载激光雷达，提取单木位置、树高，生成冠层高度模型 CHM，对森林蓄积量和生物量进行反演。动物保护部门通过无人机搭载高分辨率可见光相机，对野生动物的种群数量展开调查，基于卷积神经网络的深度学习方法可以区分无人机遥感影像中的动物种类，探索野生动物分布规律。

利用高精度无人机多类型载荷组网观测，提取不同动植物要素的二、三维空间结构特征、多谱段特征以及不同季相特征，基于全要素泛化学习网络，构建无人机遥感影像动植物特征识别指纹库（图5-2），可以智能识别动植物的种类，极大提高生态资源监测的效率。

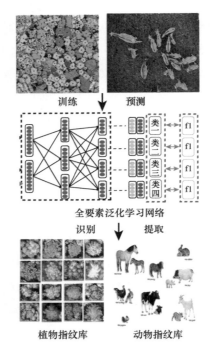

图 5-2　无人机遥感影像动植物特征识别指纹库示意图

这类应用通常是由科研任务部门直接向空域管理部门提出申请，说明申请空域空间范围、飞行高度和飞行器型号和重量等资料，在获取战区空军参谋部同意使用该空域的批复文件之后方可进行无人机作业。

5.1.3　公共安全和管理

在公共安全领域，无人机可以充当一种轻便、隐蔽、视角独特的侦查工具，在确保工作人员人身安全的同时能够迅速得到最有价值的线索和情报。近年来，除警用直升机外，无人机作为一种新型警用装备在公安机关得到广泛应用。据不完全统计，全国公安机关配备 5000 余架（套）各型无人机并且其他基础应用单位应用无人机的数量也在持续快速增长。警用航空在警务任务中得到了广泛应用，在追捕逃犯、巡逻搜索、运送警力、铲毒禁毒、反恐防暴、交通管理、大型活动安保，以及社会救援救助任务中发挥了不可替代的作用，成为服务社会、维护社会稳定的重要力量。对于这些特定领域的无人机，需要考虑其管理的规范化、高度一致性及保密性，相关部门一般都采取定制化私有云平台管理体系。

从应用场景看，由于对数据获取时效性和图像分辨率要求较高，对无人机系统的出勤率要求较高，从适用范围看，中小型、短/近程无人机较适合在公共安全领域的应用，尤其是小型固定翼无人机和小型旋翼无人机更适合在突发事件中使用。

发生恐怖袭击、人质劫持等突发情况时，无人机可以替代警力第一时间接近事发现场，通过可见光视频和热成像观测等机载设备，将第一现场情况实时回传指挥部，为指挥人员制订行动方案提供决策依据。发生群体性事件时，小型无人机能发挥快速响应、空中机动灵活的优势，实时跟踪事件的发展态势，搜索发现地面可疑人员、车辆，提供强有力的空中情报保障。加装空投装置后，小型无人机还能进行特殊物品的投送，如播撒传单、向地面人员传递信息等，小型旋翼无人机通过加装高音喇叭，可以进行空中喊话，传递政府信息。如在 2020 年抗击 COVID-19 疫情时，喊话无人机被广泛应用于国内外的疫情宣传和劝诫，成为社会热点。此外，小型无人机还可在对特定目标区域、特定人员的搜索行动中发挥作用。

这一类无人机应用主要由公安部门作为使用方，按照国家有关规定，军警民合作开展工作，使无人机管控工作井然有序。

5.1.4　应急救援和管理

应急救援一般是指针对突发、具有破坏力的紧急事件采取预防、预备、响应和恢复的活动与计划。根据紧急事件的不同类型，分为卫生应急、交通应急、消防应急、地震应急、厂矿应急、家庭应急等领域的应急救援。在无人机被使用之前，应急部门常常需要通过现场救援人员间接获取信息建立灾情的基本情况。在无人机被投入使用后，应急部门可以利用无人机直接观察到现场救援情况，快速了解现场危情和安全隐患，第一时间制订有效的救援计划，同时也给救援人员提供避险信息，减少不必要的伤亡。

现今，无人机已经被广泛应用于消防和抢险救灾，能很好地协助营救人员获取救援所需情报。无人机兼具地面移动终端和现场指挥平台的功能，可以通过网络将无人机采集的视频信息传输至云服务器，辅助决策者进行指挥调度作业；通过高清图传终端，在指挥中心可远程登录查看无人机航拍的灾情，同时实现无人机多机飞行任务管理功能；通过无人机搭载的云台相机对灾区地形地貌进行航拍侦查，搭载的热红外云台相机可对危险区域进行红外测温侦查，利用无人机配合地面站建图系统，进行实时正射建图规划，视频及数据能实时回传至指挥中心，无人机接收指挥中心调度指令并快速响应，迅捷实现危化品监控、现场空情预警和特殊事件应急处理（图 5-3）。

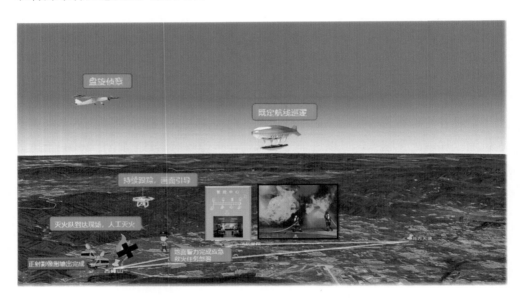

图 5-3　无人机组网开展外场火情遥感应急观测示意图

根据实际需求，无人机应急救援场景主要有以下七个方面。

1）现场火情侦查：火场环境具有许多不确定性，对于开敞的大面积火场，仅凭调查和经验难以断定现场实际情况，因此，需要搭载各种侦办设备的无人机来进行火场的观测侦办，断定火点方位，搜索被困人员等。

2）大面积火场：在侦办模块的作业形式下，无人机能够有效地对火灾损毁状况进行实时评价，获取重点区域的明晰图画、焚烧面积、火势蔓延状况等重要信息。

3）地震、泥石流等灾害灾情监测：在某些交通受阻的受灾区（如地震、泥石流灾情区），利用无人机现场测绘，能够评价灾祸损失率，及时掌握灾情发展趋势，为快速分散现场人员和作战服务提供关键信息，为灾后重建作业提供有力保证。结合无人机传回的影像视频资料，构建灾祸数据库等能够为灾祸预警提供依据和决策。

4）泥石流灾害：无人机搭载测绘仪器，获取现场的高程模型，生成地形地貌形变统计数据，快速评估地震损毁状况，寻找安全快速的救援路线，预测抢险救援力量到达时刻等。

5）应急通信：有些大型火灾现场需要深入内部进行搜救作业，对于一些结构复杂的高层建筑和大范围救援环境，现场的通信往往无法得到有效的保障，这给救援作业带来安全隐患。无人机因其灵敏的操作控制功能，能够通过搭载相关的通信中继仪器，在最短的时间内建立起通信链路，通过无线信号传输报警器报警信息，以及进入火场的救援人员的位置信息。

6）通信中继无人机：根据多台无人机设备定位火场人员位置并共享位置信息，由指挥员通过调度无人机协调整个现场的通信布置。

7）抛投救生设备：无人机能够在重风险区域代替救生抛投器，通过牵引引导绳在被困者和施救者之间建立安全稳定的救援体系。此外，在一些急难险重的洪涝灾害事端救援中，无人机还能装载救生设备，代替救援人员进行定点抛投，快速解救遇险人员。

在涉及应急救援时无人机通常是特事特办，由应急救援部门紧急调用商军/民航报备飞行（图 5-3）。

5.1.5　管网巡护和管理

无人机管网巡护是指无人机在覆盖电力、能源、通信等众多领域管线巡查、监控和维护的应用。无人机既可以长距离普查，也可以实时捕获管网的各类隐患，保证管网得到及时维修。无人机在管网巡检中发挥着越来越重要的作用，尤其在电力巡检领域，负责全国主要电网管理统筹工作的国家电网公司和南方电网公司均将无人机投入到了电力巡检工作中，并将无人机电力巡检纳入长期发展规划中。

无人机管网巡护的主要优势体现在：适合在交通盲区、无人区、污染区等环境复杂区域作业，弥补人力无法到达的缺陷；通过搭载可见光成像设备近距离多角度精细观察；搭载红外热成像仪的无人机可进行空中近距离测温，精确判断发热故障点的位置，减少人为观察误差；同时具有高效作业特性，以塔杆巡检为例，一名巡检员一天可巡检 6～10 个杆塔，而无人机 1 小时之内即可完成人工一天的巡检量。

电网安全关系公共安全和国计民生，输电线路容易遭台风、雷击、树障隐患、人为破坏，存在设备易老化等安全隐患，对输电线路例行巡检是保证电网安全运行的关键技术手段。随着电网的快速发展，输电线路巡检工作量日益增加，巡视难度不断加大，电力巡检的时效性及精度要求不断提升。全国 110 kV 以上输电线路超过 120 万 km，每月需巡检一次，工作量巨大。无人机巡检可以极大地提升工作效率，如广东电网无人机年巡视规模从 2015 年的 0.2 万 km 提高到 8 万 km，实现"白天+夜间"全时段电力线路巡视，拥有的飞机达到上万架，效率提升了 2.6 倍。

目前管网巡护主要由大业主单位如国家电网、南方电网负责。通常，管理单位事先获得年度的空域许可，每天报备飞行计划，在批准的管网巡护范围内作业。

5.1.6 农林植保和管理

农业是无人机最重要，也是最具前景的应用领域之一。无人机在农业的应用主要有三个方面：一是低空农情信息遥感获取；二是农业航空植保；三是作物制种辅助授粉等。其中，无人机在农业航空植保中应用最为广泛，植保无人机可以用于喷洒农药、植物生长调节剂、肥料、种子等。

从全球来看，航空施药装备与技术的发展有益于高效农业的生产、应用与发展。在美国，超大型农场的规模化种植和同种作物大面积种植模式决定了使用有人驾驶的农业大型固定翼飞机和直升机为常用的植保方式。鉴于植保无人机施药产生的飘失污染，目前尚未立法准许无人机从事农药喷洒作业。日本是世界上最早将小型单旋翼无人机用于农业生产的国家之一，至今已有 40 多年的历史。特点是农民户均耕地面积较小，地形多山，因此农业航空多以直升机为主。中国的农业航空始于 20 世纪 50 年代初，植保无人机与低空低量航空施药技术发展迅速。以植保无人机领军企业极飞科技有限公司为例，截至 2019 年 9 月，其植保无人机运营超过 4 万架次，累计作业面积超过 3.1 亿亩[①]；另一个无人机企业大疆创新的农林植保无人机在中国区存量超 4 万架。

植保无人机由飞行器、飞控系统、喷雾系统和地面操控人员等组成，与农药及施药技术共同形成一个完整的农药高效应用系统。与传统人力背负喷雾作业相比，植保无人机作业效率高，劳动强度小；与有人驾驶大型航空飞机施药相比，植保无人机成本大大降低。植保无人机作业速度为 50～120 亩/h，数倍于地面机械，数十倍于人工。植保无人机对各种环境适应性强，不易受地形环境、种植方式、作物高低等因素影响。人工植保不可避免与农药长时间接触，如果防护不当，农药就可能侵入人体。植保无人机采取人机分离的方式，作业期间，对操控员来说是较为安全的。

国内植保无人机应用正处在快速上升期，还存在一些问题：一是需要围绕制造、管理、使用等各环节制定行业相关标准，以利于配件的标准化生产、人才队伍的培养和安全运营；二是专用飞防药剂的研制，提高作业效率，保证防治效果；三是加大植保无人机系统研究，提高飞行的稳定性、控制精度和容量等问题。

国内对于农田上空不超过 30m 的植保机给出了宽松的管制政策，原则上植保用途的无人机都可以随时作业。

5.1.7　物流运输和管理

随着无人机技术的发展，以及人工智能、移动通信和物联网等技术的创新应用，无人机在物流领域应用前景日益广阔。美国是无人机物流发展的先驱。电商巨头亚马逊于 2013 年首先公布了"Prime Air"无人机送货计划，并积极发展无人机配送及空中交通管理平台服务。德国 DHL 作为欧洲国家邮政企业的代表，在无人机物流布局最早，发展最快。以中日韩新为代表的亚洲国家，无人机物流起步与欧美相当，侧重点各有不同。日韩侧重于边远地区，新加坡聚焦城市配送。而中国，在政府的大力支持和无人机产业快速发展支撑下，无人机物流运输取得了长足进步，形成了从追赶到领跑的大好局面。我国的无人机物流工作最早由亿航了解试水，采用"农村包围城市"策略，从农村试点工作开始。在城市物流工作方面，迅蚁公司工作领先。

无人机物流的应用优势主要体现在以下四个方面：①打破了地面道路的制约。

[①] 1 亩≈666.7m^2。

发挥无人机飞行的优势，不仅距离最近，还打破了偏远农村和交通不便地区的道路限制，有效地解决了物流运输"最后一公里"难题。②提高了流转效率。无人机物流速度快，距离短，不受山地、河流影响，一般快递员用车辆一个小时配送的物品，通过无人机直线飞行十几分钟即可往返。③降低了运营成本，随着无人机产业发展和完善，无人机的制造成本逐年下降，随着无人机物流的大规模应用，劳动效率提高，时间、劳动力、能源和仓储资源的降低，进一步减少企业的运营成本。④助推产业转型升级。随着电子商务行业体量的发展壮大，传统物流已难以满足社会发展的需要，物流效率的提高迫在眉睫，以无人机为代表的"智慧物流"，必将推动整个物流产业的转型升级。

中国无人机物流存在的问题：①监管政策有待完善。目前，空域申请难、飞行没有航线、运行难保障、机场审批慢等问题大量存在。②空域申请流程烦琐。物流无人机飞行航路相对固定，便于政府监管，但现有审批流程仍采用原有的有人机飞行空域申报方式，审批流程相对烦琐复杂。③适航管理模式应创新，应发展有利于促进无人机设计生产、有利于确保安全的技术和方法。

无人机物流的发展和管理：①随着人工智能、物联网的快速发展，无人机物流必将呈现出高度自动化、智能化趋势，因此，平台研制、管理技术和手段上应向智能化发展。②物流管理集约化。据不完全统计，2018 年上半年，物流总费用与 GDP 比为 14.5%，连续 5 年下降，但仍比美日等发达国家平均水平高近 3 个百分点，比印度、巴西等发展中国家高两个百分点，因此，大力发展无人机等"智慧物流"，推动物流管理由粗放型向集约型发展势在必行。③既要考虑物流配送的个性化需求，又要满足物流的均衡性发展。随着"智慧物流"的迅速发展，终端客户对配送速度、配送服务的要求不断提升。同时，偏远或交通不便地区物流运输的高成本问题依旧存在，为了解决"最后一公里"痛点，无人机物流是一种有效解决方式。

目前为满足对无人机物流运输发展的需要，民航局已经批准了一些无人机物流应用示范工作的开展，并通过纳入国家有关部门应用示范促进物流航线规划和运行的快速发展。

5.1.8　疫情防控和管理

无人机可替代人工从"3D"（Dirty，Difficult，Danger）工作中解脱出来，而

疫情防控是典型的 "3D" 应用场景。从流行病学角度来讲，疫情具有传染性极强、危重病人发病快、应急性需求大等特点。例如 2020 年的 COVID-2019 疫情给各国家或地区的公共卫生防疫体系都带来了极大挑战。在疫情防控时，非接触手段、及时救治病患尤为重要。而无人机因具备智能、高效、"非接触" 的特点，被广泛应用于中国的疫情防控工作中，并助力多地政府及相关单位推进防疫工作的有效落地。

根据实际需求，无人机在国内疫情防控中主要被应用于以下几个场景：

1）防疫消杀。隔绝病原体是一项关键防疫措施，传统模式下的消毒工作需要专业人员穿戴防护设备在现场进行，工作效率低，人力和时间成本高，存在人员感染的风险。而无人机可自主规划飞行，在携带充足消毒液的情况下效率可达 13 万 m^2/h，效率远远高出人工手动喷洒，因而被广泛用于大规模区域的消杀工作。如大疆农业发起的 "疆军战疫" 计划，支持各地疫情消杀，截至 2020 年 2 月底，在全国累计消杀作业面积超 4 亿 m^2。

2）应急建设。由于疫情期间感染人数众多，地域集中，对现有医疗体系冲击极大，医疗公共基础设施满足不了基本需求。因此，各地纷纷加紧建设医疗设施。如在 "雷神山" 和 "火神山" 的建造中，无人机在应急照明、应急通信、云监控和施工检查中发挥了重要作用。具体地，应急建设的目标工期紧张、方案多变、环境复杂，需要昼夜不间断施工，常规照明建设可能难以赶上工期变化。而系留无人机照明部署占地面积小，照明覆盖面积大，还可灵活改变照明区域，节省了大量铺设照明设施的时间；与传统的应急通信建站方式比较，无人机通信部署时间快、调试时间短，能够确保建设区域通信快速打通，为工地后期施工和网络建设赢得时间，同时也可以补充加强工地的通信网络；此外，云监工也是无人机应用的一个重要方向。通过系留无人机搭载可见光相机，可以提供空中几十到几百米不等的全局监控摄像能力，并将图像实时传输至指挥部大屏，便于实时掌握工地全局动态，有力推进工程建设进度。

3）物资配送。首先是医疗物资配送，辅助构建多院间协同医疗保障体系。对于多因并发症加重而死亡的重症患者来说，抢救时机尤为重要。在抢救的黄金时段内把药械（如血液）送达是急救成功的关键。而在多院间合作情况下，交通拥堵可能会导致抢救延误。无人机运输不存在该问题。借助智能无人机运输体系，可实现无人机自主起飞、线路规划、飞行和降落等操作，大大提高运输效率和节省时间。其次，对隔离人员生活物资的配送，避免人工配送带来的交叉感染风险，也是无人机应用的重要方面。如京东在河北白洋淀地区进行环境勘测和空域申请后，使用无人机为半岛村民运送生活物资，使得原本需要六个小时的近 100 km 车程缩短到 2 km 的无人机航线，仅需十几分钟，既提高了时效，又达到了隔离效果；上海奉贤区还使用"编队"无人机机组方式为居民运送蔬菜，包括一架"运输机"和两架"僚机"，僚机负责喊话和拍摄，建立了无人机实时监控体系。

4）远程测温。测温是疫情防控的一项基础日常工作，常规情况下只能通过固定出入口温度检测和人工入户检测，但是该方式存在人员暴露风险。运用无人机搭载精准热成像摄像机，识别温度精度高达 0.1℃，并具有高温报警功能，能够快速完成高温人员初步筛查。该方式监控范围比较广，且操作人员可以远离封闭区域操作，避免感染，特别适用于隔离区域监控。如在辽宁省疫情预警监控中应用的无人机疫情预警监控系统利用红外热成像技术实时获取人员体温情况，在非接触情况下实现了对疑似高危人员的快速区分。

5）防疫宣传和治安管理。隔离是疫情防控常用的一项强制措施，为了确保隔离区域的工作有效，需要专业人员定期巡逻，一旦发现违规活动人员，需要迅速确认位置并进行劝离。常规方式通过人力或摄像头追踪，无法及时劝离并跟踪确认其离开，需要人员出动，不但效率低，而且存在人员接触风险。而无人机搭载有效距离超过 1 km 的喊话系统，可以实时喊话，确保指令实时更新和广泛覆盖，同时可通过摄像头及时掌控隔离区域人员活动，有效避免接触。此外，无人机还可以配合人员流量大、设备多、环境复杂现场的治安管理工作，通过搭载可见光和红外相机（或双光相机），全天监视场所，发现异常进入、人员聚集等安全隐患。

无人机在疫情防护中的应用主体以公安干警或具备资质的专业公司队伍为主，由应用部门紧急商军/民航报备飞行。

5.1.9 低空遥感组网应用与管理

随着传感器载荷的轻量化和多样化，无人机遥感测绘的可用性迅速增长。针对获取的数据分辨率高、覆盖范围小、异构多源等特征，统一无人机遥感数据的时空基准和数据标准成为无人机遥感应用的重要内容。通过构建容纳海量无人机遥感数据的数据共享平台（无人机遥感数据航母，如图 5-4），实现无人机飞行任务规划-数据获取-产品生成-共享服务全流程无缝对接，集成全国分布的无人机遥感网络，动态获取无人机遥感数据，并以统一的元数据标准对遥感数据进行编目，

图 5-4　无人机遥感数据航母体系（廖小罕，2016）

以提供产品数据服务。单个无人机和其携带的遥感数据可以停靠在一个或多个"航母"上（例如基于国家科技项目正在构建的全国无人航空器高频迅捷组网观测系统，简称：全国无人机 GX 观测网），通过"航母"实现数据的增值服务，且"航母"可以受到任务委派，实现定制的区域和全国遥感数据覆盖。

低空遥感组网的关键技术包括以下两方面。

（1）无人机组网遥感观测网络

无人机遥感观测网络应面向无人机飞行计划、调度、安全监管和数据快速处理而构建。重点是异构无人机多平台组网观测，具体包括多机协同任务规划、无人机冗余容错集群控制、无人机自组网等关键技术，以寻求多谱段载荷（可见光、多光谱、热红外、激光雷达、高光谱）在多维度（空间、时间、政策法规）条件下的最佳成像模式，实现组网观测效率、质量和成本最优化目标。

（2）大规模无人机遥感数据的虚拟聚合、存储和访问技术

虚拟数据融合和交换技术能够完全集成并有效利用各种计算和存储资源。数据航母支持分布式存储，压缩，解压缩和快速读取无人机遥感数据。应建立统一的地理空间框架，基于无人机遥感元数据编目标准进行数据分类（图5-5），确保多源数据的逻辑集成。此外，需要为无人机遥感数据服务，共享和交换，操作和维护建立统一的标准体系，确保良好的数据交互和安全性。

目前全国与区域性的组网飞行还不具备体系化的统一管理手段，实际工作中按照现行管理体系，由作业单位分别向所属战区提出飞行计划申请，在获批后进行作业。

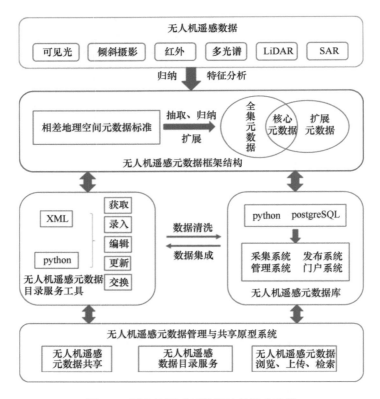

图 5-5　无人机遥感元数据编目技术路线

5.1.10　大气探测技术及应用

当前，由于科技的飞速进步和能源需求的急迫增长，能源产业带来的污染与

公共健康风险日益突出，人为制造的大气环境问题日益严峻。传统的大气监测手段主要以地面监测为主，监测站占地面积大，精细化程度低，难以对大气污染源做出及时响应和对污染源的扩散和迁移做出准确跟踪，特别是对于烟囱排烟类垂直方向的大气污染物还没有成熟的浮空采样监测技术，成本及其运营费用也较高。而其他常用的污染物监测研究方式：载人飞机、探空气球、激光雷达、卫星遥感和飞艇等，成本高、灵活性弱、可控性差等，严重制约了这些技术手段的发挥。

无人机作为气体采样设备的载体，可以在空中任意位置悬停并监测，解决高空污染检测难题。此外，在发生环境突发事件时，无人机可以克服交通不便、情况危险等情况，保障公众人身安全，快速出现在污染事故所在空域，立体查看污染情况，具有较好的时效性。以无人机搭载 Sniffer4D 灵嗅（一款专门为精确获取空气中污染物浓度分布数据而设计的超本地空气分析系统）为例，可以同时检测最多 9 种空气污染物浓度并实时传输至 Sniffer4D Mapper 分析软件，实时生成二维网格污染物浓度分布热力图、二维等值线污染物浓度分布热力图和三维点云污染物浓度分布热力图，以便决策者在环境突发事件时做出及时正确的判断。

无人机与环境污染行业应用相结合是发展趋势，"无人机+气体监测传感器"已实现实时监控区域内污染物动态变化，快速捕捉污染源的异常排放行为，助力环境监测人员实现差异化管理和靶向管理。目前情况下，根据实验情况来看，无人机监测大气质量还存在一定的缺陷，无人机的飞行状态和旋翼旋转情况可能对监测数据结果有一定的影响，另外，国家没有确认无人机采集数据的真实性，使得无人机取得的数据只能作为简单的参考，不能够直接用于执法。在突破技术难题后，无人机监测大气环境未来一定会有更广阔的发展前景。

无人机用于大气探测作业通常是由作业单位向空域管理部门提出申请，在获得战区空军参谋部空域使用同意批复文件的条件下进行。

5.1.11　验证场测试飞行与管理技术

无人机遥感发展在试验和管理上主要存在以下问题：①缺乏统一的技术检测验证基础设施；②"低慢小"的无人机，在国内现有空管体系中存在安全隐患，急需解决无人机空管技术难题；③无人机遥感数据缺乏标准规范，妨碍了产业化推广；④无人机遥感系统操作人员匮乏，培训机构和专业课程薄弱。

　　遥感领域验证测试飞行与管理技术集中体现在无人机综合验证场关键技术。为了规范试验无人机飞行活动，保障国家公共安全、飞行安全，维持人才、技术、装备储备，满足国家特殊需求，推动无人机产业的科学发展，需要指定试验区域对遥感无人机机体、动力系统、飞控系统、通信系统、传感器、地面系统等进行科学实验和验证，这也是无人机遥感系统进入业务化运行必须经过的综合考核关键技术措施。

　　验证测试飞行与管理主要原理包括：①依据传感器成像原理，建立室内和地面靶标场，对传感器进行几何与辐射定标，进行对地观测精度和遥感功能分析；②依据飞行控制原理和遥感作业要求，建立室内检测工位和室外飞行场地，对无人机飞行平台进行室内静态检测、外场飞行性能检验，飞行控制系统精度验证，遥感全流程操作维护性能检验工作；③依据北斗导航定位与短报文、移动通信定位和数传等，可以利用新型飞行监管技术对无人机遥感作业全流程进行飞行监管；④依据空管法规、遥感作业技术流程对无人机操作人员进行培训和考核。

　　验证测试飞行与管理主要特点包括：①验证测试对象是处于科学技术实验、科研任务或处于研发阶段的尚未取得运营适航证的无人机；②验证场可专门为试验无人机开辟独立空域，长期服务于科研和生产；③兼顾了先进技术引进交流消化吸收、技术培训和人才培养，为管理部门审核市场准入提供了可能的场所和技术途径。

　　验证测试飞行与管理的主要应用包括：①验证测试以维护国家安全、公共安全、飞行安全为前提，以面向科研机构、创新主体、无人机爱好者服务为宗旨，以推动无人机遥感产业发展为导向，以增进无人机遥感科技创新为目的；②凡在验证场进行飞行活动的个人或单位，应向验证场管理部门出示资质证明，相关信息必须入库备案可查询；③无人机拥有者在进行飞行活动前首先要通报验证场无人机管理部门，就任务技术特点和空管部门进行统筹安排，提高效率；④飞行验证过程中，应遵守空域管理法规、通信规范、遥感作业相关规范，遵守验证场的管理办法。

　　典型的无人机综合验证场技术框图见图5-6。目前国内外已有多家支撑无人机应用测试的验证场，详见5.3节。

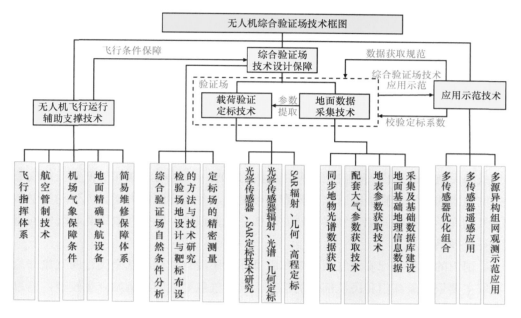

图 5-6　无人机综合验证场技术框图

5.2　安全飞行气象保障服务

无人机安全飞行离不开气象保障服务，尤其是在低空，边界层大气环境复杂多变，低空飞行气象保障体系和无人机飞行安全的气象保障工作越来越被重视。本小节将讨论低空影响无人机飞行安全的气象要素、灾害天气条件影响下无人机飞行的环境因子，利用高分辨率数值模式为无人机低空航路的气象条件做出预报预测方面的研究。

5.2.1　低空飞行气象保障体系现状和特点

无人机可以观测气象和环境要素，同时无人机飞行能否顺利完成也受到天气条件的影响。多旋翼和固定翼无人机未做防雨防雷处理，一旦规划的航路上空出现雨雪、雷暴等灾害性天气，原则上不能执行飞行任务。如果出现风切变，无人机飞行受到影响更大。因此，可以将无人机飞行活动和气象条件之间的关系概括为：一旦出现灾害性气候事件，无人机能否飞行？如何安全飞行？以及如何为无人机飞行提供可靠的气象服务？

低空空域的特点为：低空飞行器种类繁多、数量庞大、航线复杂，并且受到下垫面地表、地形和大气边界层气象因素影响。低空飞行安全还存在着稳定性低、风险性高的问题。因此，急需建立配套的低空飞行安全气象保障体系（黄冠，2015；吴红军等，2018）。

在低空安全飞行理论研究和气象技术保障方面，国外的研究起步较早，发展较为成熟。低空风切变对低空飞行器和民航飞机的起飞和降落安全危害早在1968年就已经引起学术界广泛关注。据统计，1968～1986年，在美国由于低空风切变造成的民航事故死亡人数占到总死亡人数的40%（马学成，1999）。低空飞行气象监测技术的发展受到美国国家研究委员会重视，并结合流体力学、大气动力学和大气物理学等科学的综合发展，研发出低空气象预警、低空气象探测和低空回避飞行管理系统。

国内的低空飞行安全气象保障和服务体系还没有建立，低空飞行的气象信息获取主要依气象部门和民航部门的信息。低空气象要素的监测站点也较少，信息传输和分发机制也不完善，资源配置不合理，制约了低空气象服务和保障（吴红军等，2018）。

低空飞行安全气象保障技术具备以下特点：①综合保障，应对不同地点、不同范围无人机低空航路的气象信息进行监测和预警预报；②实时保障，气象仪器设备有较高的采样分辨率，实时传输气象数据至终端设备，能够保障及时有效地获取航路上的气象信息数据；③持续保障，不间断地采集气象数据，或连续地对航路上的天气状况做出预警预测，提供持续的气象监测和预警预报服务体系；④特殊保障，能够对特定低空条件下（山区、城市高楼密集区等）和特殊的低空飞行器进行多方面（多时间段、多个高度层）、多种气象要素（风速、风向、温度、湿度、气压等）的气象保障（Liu and Yu，2012）。

5.2.2 影响无人机飞行安全气象因子

对低空飞行器特别是无人机飞行安全构成威胁的气象因子可归为以下六类：

1）雷暴。雷暴对无人机飞行的影响主要来自于雷暴发生时伴随的下击暴流、暴雨和闪电等天气过程。雷暴发生发展时，云中气流幅合抬升，上升至凝结高度以上，云中聚集大量冰晶和小水滴。当云内出现辐散下沉的冷气团后，在到达地面时会水平展开，容易生成猛烈阵风。当无人机在雷暴发生环境中飞行时，极易受到强烈下沉气流的影响而坠毁。当伴随雷暴出现暴雨或闪电发生时，无人机会遭到雷击，使无线电通信和电子设备损坏。

2）风切变。风对无人机飞行安全的影响主要来自低空风切变。风切变是指大气中位于不同地点之间的风速和风向的剧烈变化现象。根据位置高度之间的差异，风切变可分为水平和垂直两部分。垂直风切变是指风速在垂直高度上有巨大的差异，风向随高度也会发生剧烈转变。高空建筑物、桥梁和航空飞行中遭遇垂直风切变的话，会造成严重的破坏，如桥梁倒塌，建筑物毁坏和飞行器失去控制坠毁。水平风切变指的是在水平高度上，水平风向会发生快速转向，也会对飞行安全同样造成严重影响。风切变对低空飞行危害非常严重，在飞行器起飞或降落的过程中，一旦遭遇风切变，飞行器起飞和降落会产生姿态异常或失速状况。所以风切变被称为"无形的杀手"（张晓伟，2010）。风切变的起因主要有两类：一是大气运动的不规律性和自身的变化；二是由于周围地形、地理和环境条件的影响。不同条件下产生的风切变强度、范围和尺度也大不一样。

3）能见度。能见度指在无光的背景下，使用 1000cd 左右的灯光能够看到和辨认出的最大距离，能见度也是影响飞行距离和时长的一个重要气象因素（陈婷等，2018）。在低能见度情况下，无人机一旦遭遇风切变、强烈的下沉气流，容易出现失速或掉高状况，应急响应时间较短，所以对能见度的要求较高。能见度也会影响无人机挂载的光学传感器的正常工作。

4）气温。无人机飞行过程中，对于气温尤为敏感，气温太高或者太低都会影响无人机电子元器件和锂电池的正常工作，一旦温度超过 40℃或者低于 0℃，锂电池的寿命和容量就会迅速降低。

5）气压。无人机飞行时，高度由飞行器飞行高度与地面海拔差值计算得到。在飞行过程中，低空气压的垂直变化会影响无人机的高度测量，特别是在无人机起飞或回收阶段，错误的标高可能会造成无人机坠毁。

6）湿度。当空气湿度的数值接近 100%时，过多的水汽会聚集在无人机机身附近，造成机身上凝结形成小水滴。小水滴附着在无人机挂载的精密的电子元件表面或进入无人机内部时，会腐蚀电子元器件，并造成短路。在大雾或低云（云底高度低于 200m）中飞行，无人机也会变得潮湿，有可能影响到内部高精密部件的运作，造成短路等电子故障。降水会造成雨、雪和积冰附着在飞行器表面，影响飞行安全。

5.2.3 低空飞行安全气象监测系统

气象要素信息的监测和预警是低空飞行安全保障系统的重要组成内容。基于低空飞行气象保障的迫切需求，国内逐渐发展出了一套低空飞行安全气象保障系统建设方案。该系统联合地面气象观测系统、雷达监测系统、风云气象卫星和北斗导航卫星监测系统一体的天-地融合，全方位、多维度、不间断地对低空风速、风向、温度、湿度、气压等气象要素进行监测预警，飞行管控中心分类整理、存储和分发从气象站、雷达和卫星上获取的低空气象信息（图5-7）。该气象保障系统包括：

图 5-7　低空飞行安全气象保障系统（吴红军等，2018）

1）自动气象站。在低空航路附近或飞行器起降地点负责实时监测近地面气象要素，包括风速、风向、温度、湿度、气压、辐射和能见度等，数据通过无线或网络传输至低空飞行管控中心。

2）移动气象监测平台。移动气象监测平台布置在航路附近的复杂山区等地形场所，重点监测迎风坡、背风坡、山谷风等气象信息，并通过无线网络发送至飞行管控中心。

3）雷达。雷达对飞行器起降地点方圆 100～200km 范围内的强雷暴天气、局地对流等灾害性强降水天气具有较强的监测能力，负责监测低空空域内发生的气象灾害性天气状况。

4）风云系列气象卫星。气象卫星可以提供包括地表温度、湿度、云顶温度等气象要素信息，监测范围较大，对地分辨率较高，但时间不连续。气象卫星与地面气象监测平台信息互补。

5）北斗导航卫星。提供飞行管控中心飞行器的实时定位数据，与监控雷达的位置信息相互补充，同时可提供地空话音和短报文的信息接收和数据传输服务。

低空气象实时监测信息和预报预警信息由相关气象部门提供，为无人机低空飞行中的安全保障提供重要支持。气象预警预测服务信息与自动气象站和移动气象监测平台提供的实时信息不同，低空气象预测预报服务是综合卫星云图和天气图等资料，结合当前和近期的天气状况，根据下垫面地形特点，再加上预报经验等得到。预报预警气象信息能够从当前延伸至未来 10～15 天，称为中期天气预报服务，为用户长期飞行计划的制订提供有效的气象保障。根据用户需求，定制不同航路、不同区域和不同时间间隔的天气预报服务，如提前对某个区域的温度、湿度、气压、能见度、风速风向和降水等信息进行预报，由此判断该区域能否适合低空飞行，或何时能进行飞行，保证飞行器安全（吴红军等，2018）。

5.2.4 低空飞行安全数值预报系统

精细化高分辨率的数值天气预报是低空飞行安全气象保障建设的发展趋势。低空飞行气象预报系统将成为无人机气象保障的关键核心和基础手段。区域高分辨率数值天气预报系统可以在飞行管控中心运行，满足无人机航路上的区域精细化预报和服务的需求，为无人机航路气象预警提供数据支撑。举例来说，该预报系统可以基于 WRF 模式模拟、提取气候数据，具体流程见图 5-8。该模式系统首先同化区域自动气象站、风廓线雷达、多普勒雷达资料，并且采用高分辨率卫星反演的下垫面地形高度资料，进行积分运算，最终输出未来 0～72 小时的气象格点数值预报产品。该系统具有模拟空间分辨率高、垂直大气分层密集，同化融合气象资料全面等特点。此系统还具有多重嵌套、并行计算、图形化显示结果等功能，将为低空飞行安全保障和咨询决策服务提供数据支持。

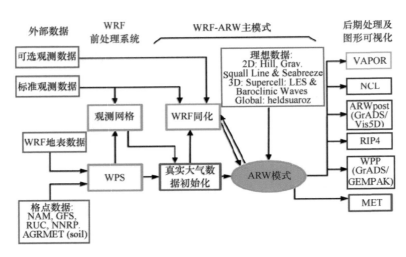

图 5-8　基于 WRF-ARW 模式提取航路气象数据流程图

　　随着国内低空空域范围的陆续开放，以及军民融合上升为国家战略，无人机等低空飞行器的飞行规范将不断完善，低空飞行领域的发展必将平民化和大众化，其中蕴含着广阔的市场前景和巨大的市场机遇（吴红军等，2018）。但国内的低空飞行安全气象保障技术仍然在探索中，远远跟不上低空飞行领域的发展，需要联合国内多部门，如气象部门、空管部门、科研院所和高校的优势力量来解决这一制约我国无人机低空飞行气象保障服务的瓶颈。因此需要不断完善监测低空大气探测仪器的研发、组网及运行，加强飞行保障、监管、通信等领域的相关技术，充分发挥天基风云系列卫星、地基多普勒雷达、激光雷达等监测系统的优势，还应自主开发和发展基于国内自主知识产权的预报模式系统，进一步完善低空飞行安全保障服务体系，为国内低空飞行产业的发展保驾护航。

5.3　无人机（遥感）综合验证场规划建设和标准规范

　　无人机综合验证场是广泛支撑各部门各类科学试验的基地。民用无人机综合验证场主要由遥感应用需求驱动建立，是无人机遥感应用定量化发展实验技术的重要基础支撑，通过提供具有代表性的自然地理环境和丰富的地物类型，布设满足航空飞行验证的各类型靶标，为航空遥感载荷综合验证提供综合验证场地条件，同时建立载荷评价指标体系。相比无人机遥感快速发展势头，无人机综合验证场（以下简称验证场）发展相对滞后，制约了无人机产业和遥感技术的发展。目前国内验证场和相关规范标准方面，2018 年 5 月中国科学院无人机应用和管控研究中心编制和实施了《中国科学院无人机综合验证场一般认定办法》；2020 年 3 月 25 日，中国地理信息产业协会正式批复无人机应用与管控工作委员会组织开展《无人机综合验证场一般要求》团体标准编制；2020 年 3 月 27 日，中国民航局发布《民用无人驾驶航空试验基地（试验区）建设工作指引（征求意见稿）》，明确重点在深入开展特定类无人机试运行、监管和服务机制探索、无人机适航审定技术研究、运行技术验证、支撑要素试验、市场生态试验等多个方面实现突破，对于推动我国无人机综合验证场建设起了积极推动和应用拓展作用。从整体来讲，相关标准比较缺乏，一大批新型无人飞行器与传感器技术难以得到科学、严格、有效、有序的综合检测与验证，成为制约无人飞行器遥感系统技术全面投入社会生产、生活并产生更大社会经济效益的关键瓶颈。

5.3.1　综合验证场基本构成

目前的验证场主要针对轻小型无人机，通过搭载多种小型遥感传感器，进行地面和航空遥感综合实验，实现轻小型无人机遥感系统的标定、验证和系统评估。为保障实验顺利开展，除场地周边现有自然地物类型外，还需要根据要求在周边空置区临时布设地面靶标和部分地面试验设备，主要包括以下三个方面。

1）硬件设施建设。无人机综合验证场的建设，包括硬件设施建设和软件设施建设两部分，其中硬件设施主要包括实验室、教学室、休息室、无人机库房等，主要用于存储无人飞行器和满足日常教学培训，各项硬件设施建筑面积按照需求确定。

2）飞行活动区基础设施及空域。飞行测试区域主要包括飞行跑道和空域，根据前述的《无人机综合验证场一般要求》标准初稿，无人机综合验证场一般应具有沥青或水泥混凝土跑道，且跑道长宽不大于 1000m×30m；空域的要求按照国家统一标准，一般要求飞行高度小于 1000m；周向飞行最大距离 5000m，某一方向飞行最大距离 30km。

3）地面靶标和部分地面实验设备。在实验场安置场内测试设备，一般包括自动气象站（台）、各波段观测靶标、典型标志物、数据采集传输设备、数据处理和评估系统、伪装目标布设、土壤/植被参数的监测设备等，其中部分设备为临时或可移动的。

5.3.2　国外综合验证场发展现状

在航空航天遥感测绘领域，为了对航空飞机以及卫星载荷性能进行验证，国外建立了很多永久性的验证场。

如挪威农业大学建成的 Fredrikstda 航空检校场，曾为 DMC、UltraCamD 航空数码相机进行检校。美国 Madison 检校场集数字/胶片相机的飞行测试、配套软件程序开发、定标过程中各种参数的测量和数据处理为一体，曾为 Zeiss LMK/15-23 相机、Wid RC30 15/23 相机和 Nikon D1X 相机等多个航空相机进行检校。此外，比较著名的验证场还有芬兰的 Sjökulla 验证场，以及德国斯图加特的 Vaihingen/Enz 验证场等。芬兰的 Sjökulla 验证场由芬兰测量协会建立（图 5-9），主要用于航空航天成像传感器几何、辐射和空间分辨率的检测。该验证场的布设基本情况如表 5-1 所示。德国的 Vaihingen/Enz 验证场由斯图加特大学摄影测量学院建立，用于对德国第一台可使用的机载数字相机进行系统性能测试以及精度验证，后来逐渐发展为用于机载载荷检校的永久性验证场，检校场建设基本情况如表 5-2 所示。

图 5-9　芬兰 Sjökulla 验证场（Honkavaara et al.，2008）

无人机运行监管技术发展与应用

118

表 5-1　芬兰 Sjökulla 验证场概况

场地位置	地处乡村，主要分布有村落、湖泊、田野和森林等多种地物
场地大小	大比例尺检校区：面积在 1km×1km 左右，主要布设 42 个圆形地面控制点以及 2 个方形控制点，所摄影像地面分辨率小于 0.1m 中比例尺检校区：面积在 4km×5km 左右，主要布设 10 个方形控制点以及 2 个三角形控制点，所摄影像地面分辨率小于 0.3m 小比例尺检校区：面积在 10km × 10km 左右，一部分布设 14 个方形控制点，另一部分布设 9 个三角形控制点，所摄影像地面分辨率小于 0.5m
控制点	形状、大小 圆形靶标：有直径 0.3m 和 0.4m 两种，正面用油漆涂成白色，背面为黑色 方形靶标：大小为 1m×1m 方形，颜色与圆形靶标相同 等边三角形靶标：边长 2.4m，表面仍刷成白色 采用 GPS 测量 精度 圆形和方形靶标控制点平面精度 1.0cm，高程精度为 2.0cm 三角形靶标控制点平面和高程精度为 5.0cm

表 5-2　德国 Vaihingen/Enz 验证场概况

场地位置	位于德国斯图加特西北约 20km 处，属于乡村山地，分布有一些村落	
大小	总面积约 7.5km×4.7km 密集控制区范围约为 5km×2.7km	
地形	属于丘陵地形，区域内最大起伏为 160m 左右，地表植被丰富多样	
控制点	整个区域内控制点布设约 300 个 采用静态 GPS 量测，坐标精度在 2cm 左右 地面标志采用油漆涂刷方式布设	
	整个验证场	一共布设 172 个 0.6m×0.6m 白色方形标志
	密集区	布设 103 个 0.3m×0.3m 标志，标志为白色方块的中心涂黑色小方块

美国的验证场工作由 FAA 立项推进。

美国国会根据《国防授权法案》和 FAA 的授权职能，要求 FAA 立项，将无人机系统整合到 NAS 里。为实现该目标，FAA 拟建立六个无人机测试基地。在这些基地进行的研究，将帮助 FAA 规范无人机标准，进而培育无人机技术和操作流程。同时，将提供数据资料，最终实现无人机在 NAS 中的常规飞行。FAA 经过 10 个月的缜密选择，从 24 个州提交的 25 份申请中圈定了六个"无人机研究和测试基地"。在这个甄选过程中，FAA 考量了地理位置、气候条件、地面设施的位置、研究需求、空域使用、安全性、航空经验和风险等因素。整体来说，这六个入选的地点跨越整个美国、气候条件多样，有助于满足 FAA 对无人机系统的研究需要。

在这六个基地，FAA 期待能够达成以下研究目标：系统安全和数据收集、航空器认证、指挥与控制链路问题、控制站布局及认证、地面和机载感应和避让、环境影响等。根据 FAA 颁布的《现代化和改革法案》，无人机必须在 2015 年 9 月 30 日前被"安全地整合"到以上六个基地的空域中。此项立法目的在于制订出分阶段目标的具体计划。在这六个基地进行的研究，将帮助回答与"整合"相关的一些问题，如"侦测和躲避"的解决方案、指挥和控制、地面控制站标准，以及人为因素、适航、丢失链路流程、和与民航空管系统的接口。每个基地的运营者将允许感兴趣的单位使用试验场。FAA 的作用是确保运营者建立安全的测试环境，并提供监督，保证每个站点根据严格的安全标准进行操作。运营者和基地用户将提供研究经费。美国国会没有对这些基地的运营和研究提供联邦经费。基地运营者还需要提供隐私保护政策，必须符合联邦、州立和其他有关个人隐私保护的法律；必须将隐私保护条例公布于众，并且在数据的使用和存储方面有书面的计划；此外还需要每年重新审核有关隐私保护的措施，并且允许公众评论。未被 FAA 选择作为测试基地的州，可以通过和以上六个基地进行合作来推动自己无人机的发展。同时，基地运营者也可以建立自己的无人机基地。但是，FAA 的资源会向现有的六个基地倾斜。

此外，在无人机方面，FAA 和 NASA 有密切的合作，NASA 协助了对试验基地申请的评估。两个部门共同制订了如何协作利用双方的研究资源、资产和设施，并且最小化重复劳动的方法。这两个部门之间还可以共享研究信息、文档、测试计划、测试报告，以及其他相关的无人机知识。双方定期举行团队会议和项目总结，并通过跨部门协议允许 FAA 和不同的 NASA 研究中心开展协作研究。

5.3.3 国内综合验证场和实验区建设发展情况

"十一五"期间，针对国内因对地观测遥感技术与应用快速发展中载荷航空飞行环节缺失导致国产遥感数据质量不高的重要问题，科技部组织开展了"无人机遥感载荷综合验证系统"项目需求论证，开展国家 863 计划重点项目"无人机遥感载荷综合验证系统"研究。该项目以建成国内无人机遥感载荷综合验证系统、获取有示范价值的科学验证与应用成果为任务目标，旨在突破长航时大载重无人机平台的航空遥感多载荷集成系统关键技术，实现系统性的遥感载荷综合试验验证，初步形成可运行的无人机航空遥感载荷综合试验与应用系统体系，促进无人机遥感技术及其应用的可持续发展，探索军民共用的无人机遥感安全检测技术系统。

"十二五"期间,在国家863计划地球观测与导航技术领域"基于北斗GPRS3G技术的无人机遥感网络体系关键技术研究与示范"项目支持下,面向构建全国无人机遥感网络的建设目标,开展无人机资源规划、运行管理机制研究和基于北斗/GPRS/3G技术的无人机遥感系统飞行监管关键技术与装备研究,开发具备无人机遥感网络资源管理、配置与调度,以及无人机遥感系统飞行监控与管理功能的综合运行管理平台;初步构建5个社会化无人机遥感网络示范节点。国家遥感中心航空遥感一部成功开展了"机-星-地"项目,取得了重大成果,为军民共建轻小型无人机遥感系统综合验证场提供了宝贵的经验。

"十三五"期间,中国科学院地理科学与资源所牵头组织"十三五"国家重点研发计划"高频次迅捷无人航空器区域组网遥感观测技术"项目,立足中国科学院野外台站群,有效开展了平台、载荷、数据、云端管控、空域作业流程等规范标准研究和关键技术攻关,出台了《中国科学院无人机综合验证场一般认定办法》技术规范,为符合条件的野外台站配置了无人机云端管控系统、配发了管控模块,积极协调空管委和各站区空管部门与台站建立空域使用机制。在项目的技术支持和指导下,中国科学院的江西千烟洲站、山东禹城站、天津宝坻基地、四川王朗站、内蒙古白旗站、新疆吐鲁番站、河北怀来站、北京门头沟站等一批站点已基本具备无人机空港条件,接入了"中科天网"无人机云端管控系统,建立健全了无人机基地管理运行制度;吐鲁番、白旗等站点已经具备大型联合飞行试验条件。

此外,由科研项目支撑、地方政府支持和行业需求牵引,国内各地陆续规划建设或已建成的代表性无人机综合验证场包括:内蒙古巴彦淖尔的大型无人机遥感载荷验证场、贵州安顺无人机载荷验证场、河南安阳检校场、北京西峰山无人机综合验证场、天津宝坻无人机综合验证场、江西千烟洲站无人机综合验证场、四川王朗无人机综合验证场、新疆吐鲁番无人机综合验证场、内蒙古正镶白旗无人机综合验证场等。还有一些具有试飞功能的场地,主要包括:安阳北郊机场、龙华机场、南苑机场、八达岭机场、密云机场、北安河机场等31个验证场,以及地方政府和企业支撑构建的一些具备无人机综合验证功能的基地,如华东无人机基地、金林海口甲子通用机场、北方天途无人机研学基地、河北涿州无人机综合验证场等。

1. 北京西峰山无人机综合验证场

北京西峰山无人机综合验证场（图5-10）建于中国消防救援学院（原武警警

种学院)西峰山战术训练场内。占地面积约 160 余亩,飞行跑道长 250m,宽 12m,水泥混凝土表面硬化,设置有跑道标线及标识,地形平坦,地理位置优越。距中国消防救援学院直线距离仅 7km,交通便利,同时具备满足起降要求、易于观测、地物景观和地形多样性等必要条件,便于组织日常教学和实施无人机综合验证。该验证场的建设目标主要包括场地建设和实验设施建设两个方面。其中场地建设主要是飞行跑道、广播室、飞行验证场、机库及标靶场等硬件设施建设。实验设施建设主要是有效载荷验证实验室、地面控制系统实验室、动力系统试验室、图像传输及数据处理试验室五部分。

图 5-10 北京西峰山无人机综合验证场

验证场一期已完成,主要包括机库、飞行跑道、实验室、教学室、典型地物与标准影像样本库、验证场其他配套设施、空域监管与共建共用机制与开放服务模式等的建设,具备为无人飞行器遥感系统载荷的综合验证提供场地技术保障,并且满足飞控师队伍的培训条件。

2. 天津宝坻无人机综合验证场

天津宝坻无人机综合验证场（图 5-11）由中国科学院地理科学与资源研究所和宝坻区政府、企业联合共建，具备轻小型无人机验证、试飞、培训和航拍作业功能。该验证场位于天津市宝坻区京津新城万景大道东侧，2017 年 9 月起对外正式开放。验证场占地 18 万 m²，建设有办公楼、机库、跑道等附属设施。该验证场地势平坦开阔、干旱少雨、通视性好，周边拥有得天独厚的地表类型，如草地、沙地、林地、水面、林区等自然景观。验证场建设以来，承担了多届"翱翔论坛"系列活动，开展了面向企业和单位、院校的飞行平台测试验证、青少年教育培训、职业资格认证、航拍节、无人机竞技比赛等活动。2019 年 5～7 月，还集中承担了国家重点研发计划"高频次迅捷无人航空器区域组网遥感观测技术"的中期验收组网联调联测，首次实现国内十架以上无人航空器区域组网遥感观测。

图 5-11　天津宝坻无人机综合验证场

3. 江西千烟洲站无人机综合验证场

千烟洲站无人机综合验证场位于江西泰和县中国科学院地理科学与资源研究所千烟洲站内。结合地面观测资料，利用无人机的低空遥感观测，可实现基于近地面遥感观测的红壤丘陵区森林类型精确分类；对地面人工观测、无人机遥感观测和高分遥感资料等多源数据进行融合，可实现高频次无人机的自动观测。该验证场的建设推动了无人机在野外台站的常规监测和研究中的应用，提高了野外台站的工作效率。

4. 四川王朗无人机综合验证场

四川王朗无人机综合验证场由中国科学院成都山地所于 2018 年在王朗国家级自然保护区建成。在景区基础设施基础上，该验证场规划有无人机办公区和多旋翼无人机起降场地，并在不同植被形态代表区设立了不同高度的立体观测塔与无人机遥感进行比对验证，可获取可见光、多光谱照片，研究领域涉及地表参量反演与验证、像元含水率制图、湿地固碳与人类活动影响等，还可支持无人机开展重大自然灾害应急调查与评估。

5. 新疆吐鲁番无人机综合验证场

新疆吐鲁番无人机综合验证场（图 5-12）由中国科学院新疆生态与地理研究所在吐鲁番植物园沙漠区建成，沥青混凝土表面硬化，具有开阔的空域资源，同时建设了可移动无人机调试仓，建设有基地与植物园办公区的数据传输系统。基地位于戈壁沙漠区域，具有独特的地物资源，为开展低海拔、高纬度无人机遥感验证提供了良好条件。

图 5-12   新疆吐鲁番无人机综合验证场

6. 内蒙古正镶白旗无人机综合验证场

内蒙古正镶白旗无人机综合验证场位于内蒙古锡林郭勒草原的西南部，所处的浑善达克沙地南缘的典型草原区是锡林郭勒盟南部重要的新型绿色工业基地、锡林郭勒盟南部重要的商贸物流节点和集散中心、京津地区重要的生态屏障。该验证基地位于海拔 1200～1400m，北部为浑善达克沙地，中南部为低山丘陵草原，南邻京津冀发达地区，背靠大草原，东西连接蒙东蒙西经济区，是中国科学院大气物理所长期从事地球系统模式发展与全球气候变化研究、大气化学、大气环境变化及其预测机理研究、东亚季风气候系统动力学研究与气候预测、中层大气过程与大气遥感研究、高影响天气的物理、动力及可预报性研究、全球及区域气候环境变化集成研究与有序适应的重要科研基础设施。

7. 华东无人机基地

华东无人机基地于 2018 年 8 月由民航华东管理局、上海市交通委、上海市经信委、金山区政府等共同推动成立。该基地位于上海金山，拥有 58km^2 陆地空域，1km^2 试飞起降点，拥有纵横两条长 800m、宽 30m 的十字形跑道。华东无人机基地主要用于打造无人机研发测试、展示交易、行业应用、培训教育和运行管理的功能引领区域无人机产业发展。该基地是华东地区首批和首个复制推广的无人机试飞运行基地，同时作为一个应用示范和产业基地，可提供陆地无人机和水上无人机的场景应用支持。

8. 金林海口甲子通用机场

金林海口甲子通用机场是海南省金林投资集团通过"通航+产业"的模式，打造的大型通航产业示范基地，是国务院中央军委空中交通管制委员会低空空域空管服务保障示范区、国家低空空域空管服务保障科研试飞基地、海南低空空域管理技术院士工作站试飞基地和国家航空飞行营地。

金林海口甲子通用机场是海南首个公共型通用机场，弥补了海南公共服务型通用机场的空白。该基地位于琼山甲子镇，占地约 293 亩，一期已建成一座 600m^2 综合机库，两座 450m^2 的机库，一条 800m×24m 机场跑道。此外，还有低空空域空管服务中心、VR 科普体验馆和园林木屋综合服务区等功能区。目前，可开展轻型飞机飞行及培训、飞行器托管及停放、工业级无人机销售、飞行计划申报、青少年科普教育、赛事活动等众多业务。

9. 北方天途无人机研学基地

北方天途无人机研学基地——研学猫无人机基地由北方天途航空和亲子猫国际教育联合打造。该基地坐落于北京市昌平区北六环北方天途航空工业园内，占地 600 多亩, 距离中关村 30km。基地依托北方天途航空的技术、课程和人才资源, 根据中小学生的身心特点, 与北京师范大学和中国科学院的专家联合研发出了针对不同年级的系列研学课程, 为中小学校开展研学旅行和综合实践提供了一个特色主题基地。该基地具备比较成熟的无人机系统研发、生产、培训, 以及场地、空域、附属设施等条件, 可为民用轻小型无人机综合验证提供服务。

10. 河北涿州无人机综合验证场

河北涿州无人机综合验证场位于京津冀中心地带, 距北京 60km, 天津 98km, 保定 75km, 雄安 38km, 飞行场地开阔, 全年主导风向为南风和东北风。跑道方向设为南北方向起降。为了满足无人机各种载荷测试, 已建成两条不同长度的跑道 (400m×12m、200m×6m) 和一个 800m^2 的多旋翼起降场地。该验证场于 2018 年 11 月开始建设, 由河北天海测绘服务有限公司投资建设运营, 占地面积 300 余亩, 验证场和自然村融为一体, 很有特色, 设有两条跑道和一个多旋翼起降点、办公楼、无人机展厅 400m^2、机库 500m^2、维修车间 100m^2、停车场、办公室 600m^2、餐厅 500m^2、会议室 500m^2, 宿舍 1000m^2 等。目前业务涵盖无人机试飞试验、无人机产品演示交付、无人机相关培训、青少年科普教育、国防科普教育、无人机会议服务、无人机相关赛事举办等。

5.3.4 综合验证场标准规范发展情况

标准规范是无人机综合验证场科学发展的重要保证和前提。为顺应无人机产业快速发展, 国内在无人机综合验证场领域也陆续开展了一般认定方法、团体标准和国际标准的研究。

1. 中国科学院有关无人机综合验证场一般认定办法

2018 年, 中国科学院无人机应用与管控研究中心在科技部国家遥感中心组织国内专家研究基础上, 组织专家组编写了《无人机综合验证场一般认定办法》。该办法明确规定了各级验证场相应空域条件、起降场地、外场设施、通信设施、验证设备、办公场所、无人机机库及一定数量的专业人员等条件, 按照无人机综合验证基地所具备软、硬件条件从高到低, 分为 A、B、C 三类, 不同级别和不同功能侧重的无人机综合验证基地依据需求制定相应标准, 并从如下方面进行评价及分类: 空域及跑道、无人机组装调试区、无人机机库、无人机系统、办公用房、通信设施、场内飞行监管系统、空管协同通报系统、专业人员队伍、验证实验室、实践教学室、定标靶场、室外检校场等。

2．无人机综合验证基地一般认定办法

中国地理信息产业协会无人机应用与管控工作委员会成立以后，增强服务意识，整合产学研资源，积极推进综合无人机遥感网、低空公共航路和大数据航母构建。2019 年 4 月，无人机工委会在京召开了《无人机综合验证基地一般认定办法》团体标准启动会；2020 年 3 月，中国地理信息产业协会正式批复《无人机综合验证场一般要求》团体标准立项编制。这标志着经过中国科学院野外台站实际验证的技术规范向团体标准、国家标准迈出了重要一步，正逐步引领具有广阔市场前景而又缺乏规范引导的民用无人机综合验证体系构建，对于国内无人机产业体系基础设施构建具有重要意义。

3．民用无人驾驶航空试验基地（试验区）建设工作指引（征求意见稿）

2020 年 3 月，中国民航局发布通知，就《民用无人驾驶航空试验基地（试验区）建设工作指引（征求意见稿）》面向社会公开征求意见。根据征求意见稿，我国民用无人驾驶航空试验基地（试验区）建设定位包含城市场景运行试验区、海岛场景运行试验区、支线货运运行试验区、高原环境运行保障试验区、先进应用试验区等多个目标，其建设工作将以直辖市、副省级城市、地级市（区）等为单位，以地方政府或其授权机构为主体，拟申请地区应具备空域环境良好、产业基础较好、基础设施健全、支持措施明确、专业资源丰富等条件；在试验区的建设和运行中应明确相关工作任务和成果输出，重点在深入开展特定类无人机试运行、监管和服务机制探索、无人机适航审定技术研究、运行技术验证、支撑要素试验、市场生态试验等多个方面实现突破。该征求意见稿对于推动我国无人机综合验证场建设将起到积极推动和应用拓展作用。

第 6 章

运行监管若干前沿技术

　　无人机在低空的安全、高效运行没有现成的技术体系可沿用，隔离空域是否可行？如何构建？成千上万独立或组网状态下的无人机飞行如何规划与引导航路建设？无人机云端管理系统如何构建？无人机在管理上能否实现按需合理地发挥应用的作用？这些都是当前管理技术发展的前沿动态。

6.1　空域融合发展进程与技术

　　目前世界各国与组织针对民用无人机融合运行监管的法律规范、运行规章、关键技术等开展了大量研究。在法规方面，第 2 章有专门介绍，可以看到中国、ICAO、JARUS、IEEE、美国、欧洲等在无人机融合监管、运行概念、运行规则、程序标准、人员要求等方面不断完善无人机运行法规标准体系。在无人机融合运行监管技术方面，国内外工业界与主管部门，针对探测与避让（Detect and Avoid，DAA）、指令和控制（Command and Control，C2）、无人机交通管理系统关键技术研发与原型系统测试验证等开展了大量工作，为无人机与民用航空器融合运行提供架构基础，为相关政策制定、关键技术研发和运用提供科学依据。下面简要总结在这方面活跃的组织与国家开展的工作。

6.1.1　国内发展动态

　　目前，国内在深圳地区开展无人机空管信息服务系统研究和试点工作，通过试点形成一个信息化的系统，实现用户和管理方需求和信息的交换，向用户及时传递各相关部门的管理要求，向空管和相关安全部门报送无人机运行信息，建立一套高效的管理方式，在现有体制下，实现 120m 以下轻小型无人机安全、灵活运行。从服务流程上，战略阶段实现空域划设和航空器识别，战术阶段实现飞行评估与审核以及动态监控。系统包括管理端和用户端。管理端功能包括：空域划设、飞行评估审核、飞行动态监控、历史数据回溯、法规信息公告等五个方面。用户端功能与管理端对应，主要是空域查询、飞行活动申报和信息公告查询。目前有 12 家企业参加试点，较为全面的覆盖了国内的轻小型无人机型号。

国内民用无人机空中交通管理模式构想主要包括（张建平等，2017a）：

1）战略层面。民用无人机空中交通管理主要是空域管理，重点是民用无人机隔离运行和非隔离运行条件下的空域划设和使用限定。战略层面的现实迫切任务是隔离空域运行下各类地理围栏的划设，参考民航发达国家地区的经验，低、慢、小无人机可假设为地面静止障碍物，基于 ICAO《附件 14》机场障碍物限制面（OLS）划设方法进行机场无人机禁飞、限飞空域划设具有一定科学依据和合理性。

2）战术层面。民用无人机空中交通管理主要是确定提供空中交通服务的类别和程度，对于无须注册登记的民用无人机（以微小型消费类无人机为主），采取宽松甚至开放政策，基于法律法规以无人机驾驶员自主管理为主；对于注册登记的民用无人机，首先需要基于飞行计划的详细信息进行风险评估，飞行计划中考虑的因素包括：无人机含有效载荷的重量、飞行高度、任务用途、视距内/超视距飞行（VLOS/BVLOS）、昼间/夜间飞行、是否远离人群密集区域飞行、是否远离机场航路航线飞行等；其次基于风险评估结果进行空域使用限定和批复；最后根据空域使用限定和批复结果，对在隔离空域运行的无人机采取 UTM 策略，对在非隔离空域运行的无人机采取融入现行 ATM 方式。战术层面的现实迫切任务是隔离空域运行下 UTM 运行概念的设计和关键系统研发。

UTM 系统应具备民用无人机及驾驶员登记注册信息、空域划设及地理围栏信息、天气信息、飞行计划信息、合作目标飞行航迹的显示、存储、调取功能；提供飞行计划提交审批的在线平台；实现对合作目标的发现追踪、身份认证，以及对冲突探测、近地探测及越界飞行的预警；具备一定的大数据统计分析功能。

6.1.2　国际发展动态

1. 国际民航组织

ICAO 作为联合国的专门机构和政府间国际组织，是制订无人机国际飞行规则，协调国内规则的权威国际平台。ICAO 通过制定标准和建议措施，行使其"立法权"。

为应对无人机系统带来的挑战，ICAO 于 2008 年成立了无人驾驶航空器系统研究小组 UASSG，对无人机系统的挑战，监管框架的建立和规则的制订进行全面研究。2011 年，ICAO 出版了无人机系统研究小组成果《无人驾驶航空器系统》，阐述了无人机和有人机的差异，鼓励各成员国协助 ICAO 开展关于无人机的政策研究。

2014 年 6 月在无人机系统研究小组最后一次会议上，国际民航组织决定成立 RPASP，主要聚焦并协调遥控航空器系统的相关工作，推动遥控航空器的发展，制定相关标准、建议措施、流程和指南，在保持现有有人驾驶航空安全水平的前提下，推动遥控航空器系统安全、高效的融入非隔离空域和机场。

ICAO 遥控驾驶航空器系统专家组第 5 次会议于 2016 年 7 月在美国圣地亚哥召开。遥控驾驶航空器系统专家组共分为适航、通信、探测和规避、执照、运行、空中交通管理等六个小组。目前，专家小组已经基本完成了附件一《人员执照的颁发》的修订，附件二《空中规则》、附件三《国际空中气象服务》、附件六《航空器的运行》、附件八《航空器适航性》、附件十《航空电信》、附件十一《空中交通服务》、附件十四《机场》、附件十九《安全管理》等正在修订中。

ICAO 经过调查研究，制定了并于 2015 年发行了《遥控驾驶航空器系统手册》，确立了国际上针对无人机的监管基础框架，达成了关于术语和理解的共识，确立了关于无人机系统的工作重点和路线，成为 ICAO 后续工作和各成员国制定国内规则的重要指导。

ICAO 在航行系统组块升级（Aviation System Block Upyrade，ASBU）规划中推出 RPAS 实施规划（张建平等，2017b），旨在以 2030 年为目标年逐步实现 RPAS 在仪表飞行规则（Instrument Flight Rules，IFR）下的非隔离空域国际运行。自 2014 年 11 月以来，ICAO RPASP 以每年 2～3 次专家组会议的频率，围绕 RPAS 在 IFR 下的非隔离空域国际运行的相关标准和建议措施开展密集研讨，并于 2016 年 11 月推出《运行概念》初稿。该《运行概念》包含了关于 RPAS 的系统描述、系统运营、运行环境、控制方法，以及与空中航行服务供应商和其他航空器的衔接等内容。

2. 无人系统规则制定联合体

JARUS 是由各国航空主管当局推荐专家形成的专家智囊团，目前包括 61 个国家，以及 EASA 和欧洲控制中心。它的目的是形成一套关于遥控驾驶航空器系统认证、安全融入空域和机场系统的技术、安全和运行要求的建议。目标是通过向各国航空管理机构推荐指导性资料，便利各航空管理机构起草形成其各自的管理法规、标准，避免各航空管理机构重复工作，推动各国遥控驾驶航空器系统管理规则的协调性。

JARUS 目前在无人机的适航审定、通信、指挥与控制、机组人员执照等方面已经形成了一系列成果。目前的相关出版物包括 2013 年公布的轻型无人旋翼机系统认证规范及详细建议，2014 年公布的《RPAS C2 link Required Communication Performance（C2 link RCP）concept》，用以解释 C2 链路 RCP 的概念并确定 C2 通信要求的指导材料；2015 年提出就区域行动纲领的统一人事许可和权限建议；2019 年 4 月，提出了不同类型无人机系统及其操作的监管参与程度的分类方案（《UAS Operational Categorization》），以及 2019 年 10 月公布了《JAR_DEL_WG1_D.04》，建议各国国家当局或区域安全监督组织在涉及远程飞行员操作能力 A 类（开放）和 B 类（具体）时统一使用本国立法。

JARUS 正在进行的工作涉及基于空域要求推导 DAA 系统设计目标的方法（JAR-08），进一步发展和详细阐述超低空（Very Low Level，VLL）无人机系统的操作概念（JAR-11），以及运行时从无人机角度来看使用 C2 链接时受到航空信息（AIS）和气象信息（MET）影响的讨论（JAR-12）等。

值得注意的是，JARUS 在 2017 年发布 SORA，提供了一种无人机操作风险的评估标准。并于 2019 年公布首个 SORA 标准场景（STS-01），旨在涵盖特定类别（B 类）的无人系统操作，主要针对以下情况：在人口稀少的地区、在不受控制的领空、非常低的高度、BVLOS 与视觉空气风险降低，以及使用不超过 3m 的无人机（翼展或旋翼直径）条件下。

3. 电气与电子工程师协会

电气与电子工程师协会在 2019 年 3 月成立 IEEE-SA P1936.1（IEEE，2019b）、P1937.1（IEEE，2019c）和 P1939.1 三个工作组（IEEE，2019a）。分别从无人机应用、无人机有效载荷设备的标准接口要求和性能特征，以及无人机低空运行和管理三个角度促进无人机安全融入低空空域。

SA P1936.1 标准建立了一个支持无人机应用程序的框架，明确了各无人机应用程序类和应用程序场景，以及所需的应用程序执行环境。SA P1937.1 标准为无人机与有效载荷的接口建立了一个框架，定义了无人机有效载荷设备的接口、性能指标、配置、操作控制和管理。SA P1939.1 标准定义了一种低空空域结构，能够实现安全、高效的无人机交通管理。它定义了无人机的能力和相关的基础设施，使无人机能够在低空空域操作并遵守规定。旨在形成无人机低空运行与管理国际化标准，该标准主要包括六个方面的内容（图 6-1）：网格剖分技术、遥感数据获取及关键地物提取流程、低空通信与联网、无人机识别与鉴权、无人机航路规划和无人机运行与管理。截至 2019 年 10 月，三个工作组均已形成标准草案。

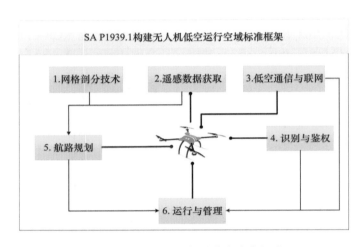

图 6-1　SA P1939.1 标准草案内容组成

4. 美国

美国运输部早期发布了两项无人机系统条例，在监管方面迈出了重要一步。2015 年 12 月，美国运输部发布了小型无人机注册和标识要求暂行规定，适用于重量在 0.55 磅（250g）以上、55 磅以下的无人机。2016 年 6 月，美国运输部发布了小型无人机系统条例（联邦法规第 14 编第 107 部），于 2016 年 8 月生效。这个规定允许在视距范围内执行常规的小型无人机系统操作。在小型无人机系统条例定稿之前，FAA 只在个案的基础上授权无人机系统操作，允许商业无人机系统在特定、低风险的情况下运行。

2013 年 11 月，FAA 发布了《民用无人机系统融入美国国家空域系统的路线图》；同年 FAA 与 NASA 合作，选定了 6 个无人机运行研究试点基地，开展无人机系统安全和数据收集、航空器认证、指令和控制链路设定等研究，旨在推动无人机融入 NAS（六个基地的详细介绍见 5.3 小节）。

在 NASA 主导下，国土安全部、国防部等机构参与，美国正率先开展无人机交通管理的研究、开发、测试和实施，探索功能设计、概念和技术发展，并利用一系列阶段性建设去测试所提出来的无人机交通管理系统。近期目标是开发和验证无人机交通管理系统，中长期（5～10 年）目标是在可以持续保证低空空域安全运行。

NASA-UTM 建设具体分为四个阶段实施：第一阶段是创建一个交互系统来分析和管理无人机飞行轨迹与飞行限制，建设地理围栏和不同高度的飞行规则；第二阶段将增强 UTM 管理能力，能够动态调整空域，应对高密度飞行和应急飞行；第三阶段将基于地区容量来管理高密度飞行情况下的安全间隔，形成主动监视能力，建立 UTM 系统网站；最后阶段将使 UTM 具备应对全国范围的突发事件的能力。

目前，该系统的实验、验证进展顺利，已经顺利进入了超视距运行的试点阶段。目的是通过技术手段对轻小型无人机进行监管，完善低空空域监管框架体系，保证无人机系统运行安全。

目前，洛克希德马丁公司依托通用航空飞行服务网站，开发了无人机交通管理模块。该公司在无人机交通管理系统开发过程中与美国宇航局等机构合作，达成了空域信息共享协议。这些协议规定了软件接口标准，允许其他公司的无人机交通管理系统和地面站可以直接接入其无人机交通管理系统。

FAA 在 2018 年发布第二版《无人机系统融入国家空域系统路线图》（FAA，2018），明确指出在无人机超视距运行成为常规运行之前，必须解决以下技术问题：确保无人机与其他航空器保持安全距离，驾驶员保持对无人机的实时控制，无人机位置的实时获取等。此外，还必须做大量工作来开发支持无人机系统认证过程所需的标准。除了无人机系统集成带来的技术和运营挑战之外，使用无人机系统还涉及其他的政策问题，包括物理和网络安全及隐私安全。

推进无人机系统融入 NAS 上，要求 FAA 解决关键的技术挑战，以支持常规的无人机运行，既包括需要与 ATC 进行互动的运行，也包括其他不需要互动的运行。主要技术挑战包括以下五个方面。

（1）DAA

将 UAS 融合到 NAS 的主要挑战之一是开发适用于 UAS 的 DAA 运行需求。这些要求是为了确保无人机能够与其他有人和无人驾驶的航空器保持安全距离，并防止空中相撞。有人驾驶航空器通过视觉手段实现看见和避让，但"无人机系统"无法依靠驾驶员的视觉进行探测和避让。为了满足这样的要求，必须为UAS超出驾驶员视距的运行制定最低性能标准，以确保它们与所有其他航空器保持安全距离，并避免空中相撞。

无人机探测避让主要可分为合作式和非合作式两种类型。合作式探测技术面临的挑战是需要降低设备价格、重量和能耗。非合作式探测技术面临的挑战是提高感知避让精度。此外，有人机的最小间隔标准为飞行员主观确定的安全间隔，无人机的安全间隔标准需要通过感知设备确定。间隔标准太小将会增加碰撞风险，标准太大会影响空域使用效率。因此，应在保证空域的安全性和空域使用效率的前提下，研究如何定义无人机安全间隔标准以取代飞机驾驶员的主观判断。ICAO提出了保持充分间隔和防撞水平解析示例，如果某一威胁穿过无人机的防撞限制，无人机的探测和规避系统应警示遥控驾驶员采取行动，以防止入侵航空器进入冲突空域体出现相撞风险（图6-2）。

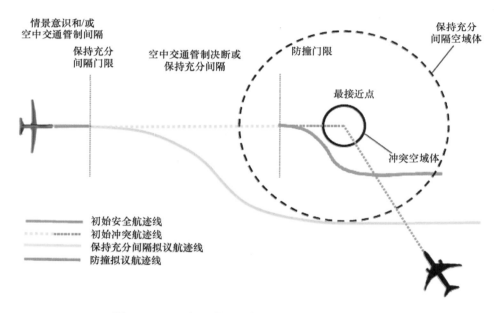

图 6-2　ICAO 提出的间隔保持示例（ICAO，2015）

在无人机空中管理系统开发的早期就需要定义最低运行间隔标准。2004年，美国国防部空域融合计划中就有陈述，"有用的感知避让性能必须向操作者提出警告，在本地的空中交通系统中，安全限度必须规定有充足的反应时间和避让动作"。

航空无线电委员会（Radio Technical Commission for Aeronautics，RTCA）颁布了228（SC-228）文件，提出了无人机运行的最低要求，对无人机感知避让技术提出了要求，但是没有明确运行安全间隔标准。2009 年，美国联邦航空局感知避让工作组提出了"最小间隔标准"的概念，在本质上可以模拟飞行员的主观判断，实施的关键是研发一种可满足于工程应用的感知避让技术。

2011 年，在美国宇航局、林肯实验室、美国空军研究实验室的基础上，美国成立了感知避让研究小组。2013 年，该小组在第二次会议上对这一问题进行了探讨，达成了以下共识：无人机的 well clear 是最小间隔标准，可作为感知避让工程开发的最小间隔标准。2015 年，该小组还提出了 3 个无人机安全间隔标准，总结归纳了安全间隔标准的基本准则，并通过仿真实验研究安全间隔的决策尺度及其权重。

目前，国内外在冲突避让领域的研究主要集中在飞行冲突检测与解决方法方面，主要分类如图 6-3 所示。

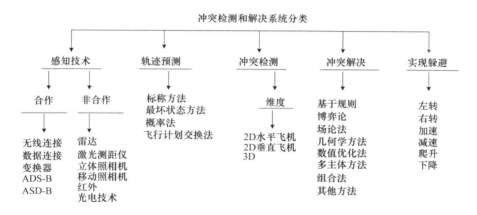

图 6-3　冲突检测和解决系统分类

政府和工业界正在通过各种方法和传感器模式对 DAA 方法进行研究。机载感知和避让（Ariborne Sense and Avoid，ABSAA）概念是研究的重点。近期的研究目标是不同传感器模式的飞行演示，包括光（红外）电、雷达、交通警报和避撞系统，以及 ADS-B。长期目标是部署标准化 ABSAA 系统。FAA 正在研究的具体挑战包括：建立 DAA 系统定义和性能水平、评估 DAA 系统多传感器使用技术和其他技术，以及避撞机动所需的最小 DAA 信息集。

（2）指令和控制（C2）

UAS 和驾驶员之间的 C2 链路对于确保驾驶员在正常和紧急情况下安全地控制无人机系统至关重要。C2 链路通常提供遥测信息，如高度、空速和位置。这使得驾驶员能够在各种操作场景中保持对无人机的控制，如遵守 ATC 指令，避免恶劣天气，或者避免附近的空中交通。因为 C2 链路对于 UAS 操作的安全性至关重要，因此需要最低性能标准来确保链路的安全性和可靠性。FAA 规定，对于大型无人机系统，C2 链路使用受保护的频谱以满足额外的安全需求。受保护的频谱包括带有航空移动（路由）服务的频谱，以及航空移动卫星（路由）服务分配（期望的），或其他适当的主分配，可以显示可接受的性能、抢占和保护级别。为了使这些大型无人机能够共享有限数量的受保护频谱，需要建立标准来协调频谱共享，同时确保安全且可预测的无人机操作。

与建立"UAS C2"相关的挑战包括以下内容：在不同的地理区域，"无人机系统"的操作需求存在显著差异。因此，C2 的需求和系统需求很难满足；对地点、航空器类型和飞行类型的增长预测，以及每日、每周、每月和季节性飞行活动的预测在很大程度上是未知的；开发 C2 需求涉及获得无线电频谱、额外频谱需求和系统完整性、可用性和安全性等操作性能特性；对国际协议所做的"无人系统"C2 无线电频谱分配的最有效使用，需要对关键性能领域做出艰难的技术决策，如通道分离、兼容性、互通性和安全性。所有这些领域都影响着当前和未来的无线电设计；政府需要协调、制订规则和协议，优先保证安全高效的控制系统，使这些系统可以由合格的无人机操作员访问；考虑重大的安全、财务和商业风险，确定资助和维持"无人机系统"C2 系统的方法，这与 NAS 无人机安全飞行的总体目标一致；"无人机系统"紧急情况应急方案需要研究。例如，当命令链路丢失时，NAS 中的 UAS 将如何响应。这项研究将开发和验证"无人机系统"控制链原型建设；推动无人机安全关键通信的脆弱性分析；支持完成对初始性能要求的大规模模拟和飞行测试。

（3）频谱管理

适当管理"无人机系统"操作的无线电频谱，对于将其安全集成到 NAS 来说至关重要。否则，"无人系统"行业的增长可能会受到严重限制。因为航空安全通信保留的频谱较稀缺，因此，将频谱分配给"无人机系统"控制和非有效载荷通信用户时，必须权衡包括民用航空和军方的其他航空界的需求。在 2012 年的世界无线电会议上，有组织提议重新设计 5030～5091MHz 的频带，以便更好地实现无人机安全服务和现有安全服务之间的共享。虽然这仅仅是开始，但当前正在进行讨论的技术和政策主题是：单个无人机操作员特定频率使用的分配功能，该问题需要做大量工作，以实现 UAS 的安全集成。具体来说，联邦航空局正在研究，通过有效地管理分配的频谱来获得最大容量（NAS 中 UAS 的密度）的机制。此外，随着"无人飞行系统"的商业应用的增长，也必须分配用于无人机运营的有效载荷数据实时通信的频带。

（4）标准发展

如果在 NAS 上进行超出目前允许范围的常规操作的，"无人系统"必须遵守商定的最低性能标准，以确保安全、效率和可靠性。这些标准将根据操作的性质和复杂性、航空器或组件系统的限制、驾驶员和其他船员资格，以及操作环境的不同而有所不同。

大多数"无人飞行系统"的设计都不符合现有的民用适航性或操作标准。除了满足现有航空器适航标准的问题之外，无人机系统的其他组件，如与 C2 相关的设备和软件，以及起飞和恢复机制，也没有民用适航或操作标准。

FAA 正在使用 14 CFR（code of Federal Regulation，美国联邦法规）第 21 部进行认证，以获得认证经验并帮助未来的规则制定。此外，该机构还在制订基于风险的无人机认证方法的指导方针和无人机系统的要求，这些要求不需要满足类型证书和生产许可的严格要求。基于此，一些在第 107 部分（Part 107）中不允许的操作，也认为是安全的。

此外，由于没有针对尺寸、重量、使用或其他配置的规范，"无人飞行系统"不允许作为航空器得到适航认证，而且进行认证的"无人飞行系统"必须符合 14 CFR 第 36 部的噪声认证要求。对于一些无人机来说，遵守这些程序是相当困难的或不可能的，因此 FAA 正在努力开发适合无人机系统的噪声认证要求和程序。

（5）空域管理

美国联邦航空管理局继续开发并完善与在 NAS 上"无人飞行系统"空中交通管理运营相关的概念。目前正在努力开发空中交通程序和 ATC/ATM 自动化系统的操作要求，并确定必须解决的相关政策问题，以支持无人机集成。这些概念的开发、完善和验证工作将确保 NAS 系统和相关机构能够充分地准备好安全地处理在 NAS 上的无人机运营的预期增长。

在没有提供 FAA 空中交通服务的低空空域，FAA 和 NASA，以及工业界，正在合作探索在低海拔地区和 BVLOS 进行常规民用小型无人机运营的概念。UTM

是用于无人机运营的"交通管理"生态系统，它不受 ATC 的控制独成一体，并与 FAA 的 ATM 系统互补。UTM 开发目标是最终确定服务、角色/职责、信息架构、数据交换协议、软件功能、基础设施和性能需求，以便能够管理低海拔的无人机操作，而这一范围内 ATC 通常不提供分离服务。NASA 的 UTM 概念特别针对的是离地 400ft 高度，包含低密度载人航空器空域运行的小型无人机系统。

除了 NASA 的研究外，"无人机系统"行业还在努力应对高容量低空无人机行动带来的交通管理挑战。这项工作也对"无人飞行系统"在机场附近运行提出了挑战，FAA 正与机场行业的相关组织合作解决这一问题。

5. 欧洲

欧洲无人机系统的立法工作启动于 2005 年，EASA 和欧洲航行安全组织（European Organization for the Safety of Air Navigation，EUROCONTROL）在其中发挥主要作用。

2015 年 7 月，EASA 颁布《无人机运行规则框架说明》。根据该通知，欧洲航空安全局提出了基于运行风险的监管框架，并给出了 33 项规章制订或修订建议（EASA，2015）。①开放类（低风险）：开放类是风险非常低的无人机运行，因此无须航空监管部门的参与，即使是商业运行的无人机也不需要航空监管部门管理（EASA，2015）；②特定类（中等风险）：特定类的无人机运行具有一定的风险，需要通过额外的限制或通过对设备和人员能力提出更高的要求来控制风险；对于该类型无人机的运行，经本国航空监管当局批准，审定机构（Qualified Entity，QE）可以协助监管机构对运行风险进行评估；③审定类（高风险）：运行风险同有人驾驶航空器相同或者相似的无人机运行归入审定类，对于审定类的运行，其监管规则和要求几乎同有人驾驶航空器完全一致，审定类的运行由 EASA 和各国航空管理机构监管。

EUROCONTROL 的核心职能是负责成员国的空中交通管理，在无人机系统方面，主要负责领导空中交通管理和指挥控制链路两个专家团队，提供研发和立法支持。2016 年 3 月，EUROCONTROL 发布了《遥控驾驶航空器系统空中交通管理运行概念》，提出了关于无人机融入空中交通管理体系的短期和长期规划。文件指出短期目标是在七年内保持现有空管体系不变，完成无人机管理调整适应：包括促进遥控驾驶航空器系统市场的有序发展，发布短期的空中交通管理安全标准文件，分享机构专家资源，维护军民联合委员会的机构策略，而长期目标是完成机构整合：包括整合各类空中交通管理相关机构，逐步取消遥控驾驶航空器系统项目办公室，将遥控驾驶航空器系统融入空管体系中，并同等对待其与空域系统中其他成员。

无人机法规框架和监管得到欧盟层面的高度重视，并利用现有工作机制和研发计划抓紧推进，企业是无人机监管技术研发主体和积极协作方，企业应向局方验证特定运行模式是安全的，UTM 是当前无人机技术的焦点，既是无人机监管的承载工具，也是支撑行业快速发展的关键技术。U-Space 是支持大量无人机安全、高效地进入空域的一整套新服务和特定程序，以数字化和自动化为特征。以用户安全、系统可扩展性、高密度运行、用户公平性、最小化部署与运行成本、基于风险和性能驱动的方法为原则。欧盟启动 PODIUM 项目，由欧控牵头，包括 Airbus，DSNA，DELAIR，Drones Paris Region，Integra Aerial Services，Naviair，NLR，Orange and Unifly 等，首先搜集 UTM 使用者的需求，然后广泛征求意见，进行飞行实验。服务阶段主要包括四个阶段：①基础服务阶段：2019 年具备电子登记注册、电子身份识别、预战术阶段地理围栏设置能力；②初始服务阶段：具备与空中交通管制流程交互、飞行动态监视、战术阶段地理围栏设置、飞行计划管理及追踪、提供气象信息能力；③高级服务阶段：初始服务能力提升阶段；④全域服务阶段：高级服务能力的完善阶段。

6. 新加坡

新加坡南洋理工大学和新加坡民用航空局研发的"无人机空管系统"已在2018 年开始进行实际测试（项悦等，2018），该系统旨在确保多架无人机在人口密度极高的城市环境中能安全有效地运作。建立一个灵活的基于城市环境优化的无人机运行空域管理系统。该系统面临最迫切的难题是：建立灵活的动态的空域，使空域利用最优化；建立适应城市环境需要的技术和风险管理，进行相应的无人机风险预警、风险管控和风险评估，防止无人机之间互相干扰与碰撞；建立可靠的无人机管理系统，以确保无人机在城市高空有效、安全、高效的运行。

该系统主要功能模块包括城市空域管理、C2 管理、飞行管理及风险管理。战略层更多进行无人机交通管理服务分析，如空域结构设计、空域指数分析和自动航路规划，需具备模拟和研究相关概念和算法的能力，以便进一步细化和开发。此外，数据库是整个系统框架的基础，用于获取、存储和管理各种类型的数据，以支持系统运作。可以将其定义为两类，即静态数据和动态数据。静态数据包括相对恒定的信息，如无人机规格、操作员信息、永久禁飞区、地形数据和基础设施数据。动态数据由可变信息组成，包括无人机运行状态、动态地理围栏空域、天气、紧急情况等。该数据库有多个数据源，数据将被用于不同的模块。为了便于管理，整个城市空域在高度上被分成多个层，每层都被进一步划分为立方体，将立方体的中心点作为城市空域的采样点，进行计算、模拟、测量和分析，并基于立方体进行颜色编码可视化，使整个城市空域能够在离散和系统的方式下得到管理。

6.2 面向应用的无人机空港规划布局技术

数量繁多、拥有者众多的无人机通过一定的方式组织起来可以为行业与地方提供快速监测、定期巡查等服务，最终形成全国性的无人机组网体系的一部分。目前，产、学、研各环节都在研究无人机组网方式、布局规则与运行方式。其中，利用现有的地面基础设施快速构建全国与区域性网成为优先研究内容。

6.2.1 无人机空港规划布局背景

无人机在自然灾害遥感监测上面已经发挥了重要作用。由于自然灾害具有突发性，将单个无人机用于观测在续航时间、续航里程等性能方面都存在一定制约性，而且无人机资源在灾害发生时通常并不会恰巧部署在附近，这严重制约了无人机的迅捷响应能力。在区域和全国范围内建立无人机遥感观测体系能够实时准确地获取动态信息，对抢险救灾、应急救援等意义重大。近几年来面向需求，国家在建设全国和区域遥感网方面部署了一些项目，并开展了一些研究（郭庆华等，2016；李德仁，2012；李奇，2015）。但是这些研究主要集中在卫星遥感和空-天-地垂直一体化观测方面，缺乏无人机遥感资源在空间上的布局研究，无人机迅捷响应灾害的能力还得不到有效发挥。廖小罕（2019）面向国家重大应用需求开展了高频次、迅捷无人机区域组网遥感观测技术研究，提出了在全国构建无人机遥感观测网的设想（图 6-4），并在无人机遥感观测网络的基础上进一步提出了无人机空港的概念。在遥感领域，无人机空港是指无人机遥感观测网络的结点，是无人机相关资源（包括无人机、飞艇、长航时等无人机；多光谱、高光谱、视频相机、LiDAR、SAR 等传感器；以及地面控制指挥车等装备）的存放和观测任务的执行中心。无人机空港通常须具备一定的空域、跑道、机库、通信、工作场地等基础设施；无人机调度、飞行控制、状态监测、数据传输与显示等专业设

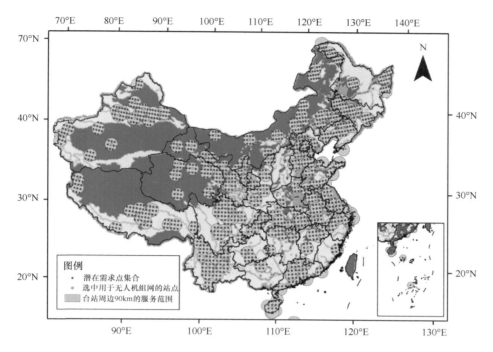

图 6-4 面向洪涝灾害的无人机遥感资源部署示意图（鹿明，2019）

施，以及一定数量的专业人员等。无人机空港布局是无人机空港在地理空间上的分布，是达到观测效益最大化和经济成本最小化的优化协同。无人机空港布局对于构建全国无人机遥感高频次、迅捷观测网络、空-天-地一体化的遥感观测体系、低空无人机运输、无人机医疗等具有十分重要的开创性意义，因此受到当前国内外专家学者的普遍重视。

6.2.2 国内外研究进展

随着无人机技术的迅速发展，快递无人机网、医疗无人机网、无人机充电基站网络、无人机高速公路网等概念不断被提出，无人机空港研究逐步进入人们的视野，成为当前无人机相关研究发展的前沿，国内外一些国家和组织已经开展了部分工作。在国外，2013 年 6 月，美国 Matternet 公司在海地和多米加共和国建立测试了第一个无人机快递网络，无人机能够携载 2kg 物体飞行 9.7km。该公司计划进一步扩张，建立一个无人机配件全球供应系统，同时还计划建立一些充电基站，使无人机可以沿途降落进行充电。2017 年，在美国埃尔多拉多峡谷地区（Eldorado Valley）

举办的世界无人机竞技大赛上，Aerodrome 公司公布了埃尔多拉多无人机空港（Eldorado Droneport）的建设计划，计划通过建设跑道、机库等无人机运行服务设施，将空港打造成该地区所有无人机的中心枢纽。Shavarani 等（2018）进一步以旧金山地区亚马孙运输系统为例，研究了无人机集散地和充电基站的部署问题。美国犹他大学的 Pulver 等（2016）、Pulver 和 Wei（2018）提出在犹他州的盐湖城构建无人机医疗设备运输网络，旨在通过选取一定数量的无人机配送结点，就近将解救心脏骤停等突发疾病的自动体外除颤器等设备快速（1min 内）送到被救助人身边，从而解救病人生命。

国内无人机空港的研究走在世界的前列。2017 年 4 月，中国科学院成立无人机应用与管控研究中心，中心会同中国科学院成都山地灾害与环境研究所、新疆生态与地理研究所、大气物理研究所、禹城站、千烟洲站等台站相继建立了天津宝坻无人机综合验证场、千烟洲站无人机综合验证场、王朗无人机综合验证场、吐鲁番无人机综合验证场、内蒙古正镶白旗无人机综合验证场等多个无人机空港。廖小罕等（2018）面对空中日益增多的无人机，为确保空中交通安全，率先提出构建国内无人机低空公共航路与无人机空港的思想。鹿明等（2019）针对无人机在突发灾害过程中难以进行实时、迅捷观测的问题，提出了通过在全国范围内部署一定数量的无人机空港资源，构建全国无人机遥感应急观测网络，实现无人机对灾害的实时迅捷观测。此外，京东、顺丰等物流公司近年来加大了无人机运输网络的研发与测试（环球网，2019；人民网，2019；雨果网，2017）。顺丰希望通过"大型有人运输机+支线大型无人机+末端小型无人机"三段式全覆盖空运网，实现快递 36 小时通达全国。2018 年 7 月，在联想 2017 Tech World 大会上，京东首席执行官刘强东宣布将在四川建设 185 个无人机机场，在陕西建设 100 个无人机机场，建成后将实现 24 小时内快递送达中国的任何城市。2020 年，中国民航局颁布了《民用无人驾驶航空试验基地（试验区）建设工作指引》（征求意见稿），将国家层面上规划布局一批无人机试验基地相关工作纳入日程。

6.2.3 无人机空港（试验基地）规划布局的关键问题

1. 无人机空港的定义

无人机空港，也称为无人机起降场、无人机机场、无人机集散地、无人机配送点等，因其作用和任务的差异，在空间位置、设施配置上有很大不同。为无人机竞赛、表演服务的无人机空港，通常需具备较大面积的空域、跑道、充电站、加油站、维修站、机库、塔台、培训基地等服务设施，需要考虑不同类别无人机运行对环境要求的差异性；遥感观测类的无人机空港不仅需要无人机平台运行服务设施，还需要配置光学相机、多光谱、高光谱、LiDAR、SAR 等遥感观测设备，保障数据的实时获取与传输；运输类无人机空港更多的是一种集散地，大型和中小型的无人机数量繁多、方向各异，需要有充足的空间，能充分保障工作人员和无人机的安全；无人机医疗设备运输网络由于其运送的是重量较轻的自动体外震颤器，对时间的配送要求相当高，因此无人机和投送点的数量部署相对密集，可就近选用 EMS、公益性质的救助站等作为无人机投送点。因此，进行无人机的空港规划布局首先要对无人机空港进行定义，对其目标、任务职能、服务范围、需要配置的资源、设施等问题进行界定。目前国内已有无人机空港和无人机综合验证场与试验区重叠，中国民航局颁布无人机试验基地建设指导意见后，无疑会对无人机空港建设和发展起到积极的作用，因此在这里我们暂时视为一体讨论。

2. 无人机空港（试验基地）的选址布局

对区域性的无人机空港进行选址与布局，需要解决两个核心问题：一个是数量问题，即建多少个无人机空港能够满足需求；另一个是位置问题，即空港布局在哪里可以最大程度地发挥无人机的作用。在选址问题中，最经典的三个理论模型是覆盖问题、中位问题和中心问题，当前无人机空港的布局研究基本上都发端于这三个问题。覆盖问题一般可分为位置集合覆盖问题、最大覆盖问题及备用覆盖问题，常用于解决消防中心和救护车等应急型公共服务的选址问题。中值问题假设每个节点既是需求点也是设施候选点，对于任一给定设施数，求取所有需求点到所分配设施的平均权重距离最小。P-中心问题是研究如何在网络中对 P 个设施进行选址，使得任意需求点到与其最近设施的最大距离最小化的问题。

目前选址模型较多，应用类型多样，但每一种模型都是在解决具体问题的过程中发展而来的，因此各模型的目标与制约条件都不尽相同。因此在无人机空港布局研究中，需要根据空港布局的目的、现有的基础设施、无人机服务范围等条件，构建适合的模型，进行无人机空港的选址与布局工作。

3. 无人机空港（试验基地）的资源配置问题

在宏观上确定无人机的位置与数量后，需要研究个体无人机空港的资源部署，满足各类突发情况对无人机资源的应用需求。这就涉及各个无人机空港的定位与职能问题，结合应用需求，构建面向具体应用的无人机观测指标体系，从而部署无人机平台与载荷等资源，如面向洪涝灾害应急观测的无人机空港，通常需要对洪水的实时动态进行观测、对洪水淹没区域的面积与造成的损失进行估算，调查周边环境对受灾群众的搜寻与救援提供帮助等。因此，需要配置多架大型、抗风能力强的无人机平台，能够搭载视频相机、可见光相机、红外相机、LiDAR、SAR等多种传感器载荷，满足对受灾区域的观测需求。面向生态环境观测的无人机空港，通常观察的任务主要是地表覆盖类型、病虫害情况、农业估产等，观测的指标通常是 NDVI、LAI、NPP，以及树高、树冠等信息，配置的无人机多以轻小型为主，搭载多光谱、高光谱、LiDAR 等传感器，满足对各种生物量的观测。面向国土安全监测，通常需要对恐怖分子进行探测、跟踪，并对可疑分子所在的区域进行三维建模，因此通常需要搭载热红外、高精度视频相机及 LiDAR 等传感器。配置合适的无人机资源，当有任务需要执行时，是无人机能够发挥有效作用的前提与保障。

4. 无人机空港（试验基地）的业务化运行

无人机空港的建设需要高昂的人力物力成本，不仅需要空域、跑道、充电站、维修站、机库等硬件基础设施，还需要有一定的业务化运行团队。以顶层设计方式，通过政府财政拨款，建设与维护成本相对高昂，而且容易造成人力物力资源的浪费。无人机空港的建设与业务化运行问题，是关系到无人机空港能否可持续运转的关键性问题。可以研究探讨以双方共建或者多方共建的形式进行无人机空港的建设，利用空域资源开放、无人机飞行培训、提供无人机实验场地等对外合作方式，打造区域无人机相关技术高地，吸引周边无人机公司、企业参与，进而在空港基地锻炼和培养一支专业化的无人机飞行队伍，既可以参与科研任务，又能够在洪涝灾害时紧急参与遥感观测，从而保障空港基地内无人机装备的实用性，以及人员业务能力的专业性。

中国民航局出台建设无人驾驶航空试验基地（试验区）的指导意见，将有力促进无人机空港规划布局的技术研究。

6.3　低空公共航路规划构建技术

与日俱增的无人机应用飞行对空域需求日益突出，同时自由规划航线带来空中交通、国防保密、隐私保护、环境噪声等隐患，也给空域管制部门积极审批飞行计划带来困难。无人机应用迅猛发展时代对空域特别是低空空域资源精细化开发提出了迫切需求。基于精准地理信息、动态地理围栏、近地面气候条件，以及高速路网、移动公网等基础设施，快速、低成本规划和建设无人机低空公共路网是缓解矛盾、促进有序发展与应用的重要选项。无人机低空公共航路规划要针对无人机特点，充分利用和融合已有的地面资源和设施。其"公共"属性主要体现在对大众用户的开放性和通过一定的监管技术与管理手段维持安全、高效的交通流。低空公共航路的研究与规划主要包括低空空域资源区划、遥感影像关键地物信息提取和动态监测技术、空域良好性现场考察规范、动态地理围栏技术、多约束条件下的航路规划技术、航线走廊宽度、交通规则等。

6.3.1　国内外低空航路规划研究进展

2017 年，联合国儿童基金会（United Nations International Children's Emergency Fund，UNICEF）与地方政府在马拉维建立起了非洲第一条人道主义无人机走廊，长 40km，离地高度 500m，该无人机走廊前期用于医学运输，现在也可以用于无人机遥感影像获取、物品运输，以及无人机信号测试等科学实验；紧随其后，美国提出无人机交通管理走廊概念，在纽约州罗马市和雪城之间建立了北美第一条长约 80km 的无人机飞行走廊，并配备雷达和地面传感器用来低空探测和追踪小型无人机，以保证走廊内无人机的安全间隔；同年，Airbus 公司提出"Project Skyway"项目，并于 2018 年发表无人机航空器融入空域路线图，提出"自由航路"、"廊道"和"固定航路"概念，设计了初步的航路飞行规则，规定了基本飞行规则（Basic Flight Rules，BFR）和管理飞行规则（Management Flight Rules，MFR）；2018 年，新加坡南洋理工大学空中交通管理研究所基于 AirMartri 构建了新加坡城市上空的航路网格（Salleh et al.，2018）；同年，新加坡空客公司联合新加坡民航管理局推出"Skyways"项目，旨在测试无人机在预先定义好的空中廊道中运输包裹的能力。这是国外一些有代表性的无人机低空航路的研究与应用。

国内最早出现"固定航路"的概念是在 2016 年，由深圳政府提出为 G107 国道规划一条无人机概念高速公路，可以依托其进行无人机物流运输；后来，陆续有学者对构建无人机低空航路提出了具体设想，并进行关键技术研究，如白龙等（2016）在研究了无人机低空活动的特点后展望了城市区域的无人机低空通道划设方法；冯登超等则从基于 LiDAR 的数字地形提取（Feng and Yuan，2016）、基于激光点云数据的空中走廊自动构建（Yuan et al.，2018）及其低空三维可视化（冯登超等，2018）、低空空域告警航图（冯登超等，2015），以及空中走廊交通管理平台（冯登超，2017）等成体系的关键技术方面对无人机航路做了较为深入的研究。"公共航路"是在"固定航路"的基础上更进一步的概念，由廖小罕在 2017年首次提出（廖小罕等，2018；中国新闻网，2017），是指在有人驾驶航空器最低飞行高度以下，预先规划具有一定宽度专供无人机飞行的公共空中通道。该研究阐述了航路构建的关键技术及基本流程，并以京津冀地区为示范，设计了骨干、主干和支线三级航路，证实了该技术路线的可行性。此外，为了攻克无人机低空航路安全飞行的技术难点，也为了满足场地和空域保障，并且避免对有人机和群众安全及隐私造成干扰，隔离通道成为无人机飞行测试的主要方式。国内无人机隔离空域测试工作以企业牵头的示范区行业测试和科研单位牵头的无人机测试验证场建设工作为主。其中，企业以京东、顺丰等物流企业和移动通信企业为首。顺丰在江西五个乡镇开展了常态化的无人机运营测试。京东在陕西、江苏、海南、青海、广东、四川等地陆续开展无人机物流常态化运营示范，实现了物流配送末端的智能化。中国移动获批覆盖面积约 $800km^2$ 的无人机基站巡检空域进行无人机巡检基站测试。2019 年，杭州迅蚁有限公司获批在杭州进行无人机快递运送（搜狐科技，2019），并得到民航及中国科学院联合立项支持进行杭州重点示范区的无人机低空物流航路的规划与应用示范（搜狐，2019）。

　　2019 年 5 月中国民用航空局在《关于促进民用无人驾驶航空发展的指导意见》（征求意见稿）中，明确将无人机低空公共航路构建与运行纳入民用无人机重点建设任务和目标之一。提出将重点开展"低空无人机公共航线划设和运行"和"低空航路航线规划与构建技术"研究，统筹开展试点示范运行（中国民用航空局，2019a）；同时，中国科学院无人机应用与管控研究中心与民航局民用无人驾驶航空器管理领导小组办公室也签署了《民用无人机应用与管理战略合作备忘录》，提出将"联合开展民用无人机低空公共航路规划研究，联合申报国家重大项目和双方重点专项，推进具有高精度地理栅格信息的无人机低空公共航路试点"，凸显了无人机低空公共航路规划的重要性和前景。

6.3.2　国内低空公共航路规划背景

增长中的无人机应用飞行对空域需求日益突出，同时存在一个突出的问题，即无人机无路可走，只能由飞手自己基于有限信息划设航线。目前无人机飞行主要取决于飞手对飞行任务的理解，通常做法是依靠大众电子地图，在出发地和目的地之间取直线最近距离。由于缺乏精准及时的地理信息（包括一切描述地表自然和人工改造环境的位置和规模信息，主要覆盖山川河流、路网布局、城市建筑、高塔电网、机场设施、军事禁区等），低空气候信息和移动通信基站，无人机可能穿越禁区、限制区或危险区。就目前来看，过去十多年以来，国内外发生众多无人机飞行事故，除了飞机本身机械电子故障等自身原因，触碰电网、撞击建筑物、飞越禁区等是最常见的事故；其次，目前绝大多数无人机地理位置主要由机载导航通信装备通过移动公网传输。由于航线可能缺乏基站覆盖，移动公网信号时有时无，因此无人机飞行中常处于"失联"状态，进而导致无人机管控系统不能发挥很好的作用。考虑无人机绝大部分是"低慢小"，同时无人机应用的机动和渗透性，不可能依照传统民航和通航固定航路建设构筑地面通信导航基础设施。最后，无路可寻、自由规划航线带来擅闯禁区和飞行中"失联"问题并存，客观上给空域管制部门按程序审批飞行计划带来困难，导致黑飞大量存在，管制困难。早几年前就发生过无人机飞入中央国家机关、军事基地等安全事件，近一段时间以来，发生了好几起无人机闯入民航航线的险情。2017 年以来，国家开展了无人机专项整治工作，取得了初步成效。但是要看到的是，按照现在的无人机的发展速度，天空很快就会拥挤不堪。必须认识到无人机应用发展存在的瓶颈，才能够从根本上解决问题。因此，准确、全面掌握下界面地理信息及有关科学数据，在不改变已有约束条件的前提下，找到能够达到最高安全性和最高运行效率的无人机飞行最佳路径是急需解决的科学问题。

6.3.3　低空公共航路规划关键技术

中国科学院地理科学与资源研究所牵头开展了低空公共航路规划技术研究，在基本理论体系、航路构建方法及关键技术方面做了一些开创性的工作，下面主要围绕中国科学院的工作展开介绍。

1. 航路建模

首先需要明确低空公共航路的基本属性，包括航路空间形状、航路构成要素、航路的三维表达和定位等。此外，为了保障无人航空器在航路中的安全飞行，需明确航路最低安全高度，由无人航空器管制相关规定、无人航空器的性能约束、任务约束及飞行环境等确定。最后，需要根据无人机本身性能、无人机系统的通信、导航、监视性能及其干预能力（机载防撞能力和管制能力）等参数确定无人机飞行的安全间隔，并考虑自然环境和航路结构及交通流密度，来动态调整在某一时间点某个空域的无人机数量来保障航路间隔的安全性。

2. 低空空域环境表达

单元分解法是一种将无人机飞行空域环境进行离散化表达的高效方法，该方法将环境分为自由单元和障碍物单元，采用离散方法表示环境。该方法虽然易于实现，但存在一个问题，即栅格计算框架中任何一个网格单元无论重要与否，其占用资源和表达方式都相同，这不仅会产生较大的计算资源浪费，同时也有可能因这种平均效应使研究者忽略了地学过程中重要的质变点。为了解决该问题，可以采用四叉树和八叉树索引来减小内存使用率，可以以事件为基本单元的地学数据处理和计算模型——时空点过程模型，从而将研究对象抽象为离散的时空点集，需要对要素进行建模构建虚拟低空空域环境。解决特征点丢失问题。此外低空空域环境主要由各种飞行约束要素构成（图6-5），首先，根据基础地形和移动通信基站信号的空间分布确定飞行高度范围；其次，构建其他飞行约束要素模型，主要包括山峰、高层建筑、低空气候和政策限制区等，从而构建无人机低空飞行环境。对于低空气象条件的约束，无人机在对流层范围内活动，低空气候对其起降、作业和飞行有着重要的影响。其中影响较大的天气现象主要有风切变、雷暴、积冰，以及雾、霾、沙尘暴等导致的低能见度等天气现象。进行无人机航路规划时以上述恶劣气候的多发地区分布，如近20年来的各气候现象的高发区域分布作为参考。对于政策限制区的约束，政策限制区约束主要是指各地政府部门发布的无人机禁飞区、限飞区和危险区等，来源于动态地理围栏数据，机场平面范围通过民航公布的《民用航空机场障碍物限制面保护范围数据》确定，下限为地表，不设上限。

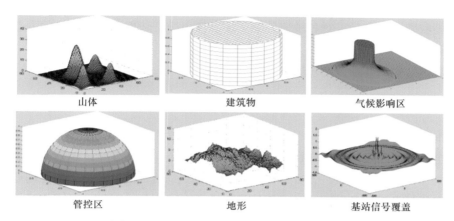

山体　　建筑物　　气候影响区

管控区　　地形　　基站信号覆盖

图 6-5　无人机低空飞行环境的地理要素构成

3. 遥感技术提取航路敏感地物构建地理围栏

传统基于遥感信息提取地物目标的方法是基于遥感图像的光谱信息，由于存在同物异谱，或异物同谱的现象，所能够提取到的信息是相当有限的，而且信息提取结果的精度也不够高，所以仅仅依靠光谱特征不足以表达相应的地物目标，而无人机遥感具有灵活性高、不限时间、观测精度高等特点，因此可以将无人机遥感及其地物提取技术用于快速提取敏感地物信息。

遥感数据的获取是快速提取约束地理要素的前提与基础，多级航路对提取要素的精细程度有着不同的需求（Xu et al.，2020）。基于无人机遥感观测技术，实现多源、多尺度遥感数据的获取，是开展约束要素提取的首要步骤。针对不同类型、不同尺度无人机低空公共航路网的地理约束要素提取需求，设计不同的无人机遥感数据获取方法与无人机遥感观测系统，如针对末端区域航路，采用多旋翼无人机搭载激光雷达构建无人机遥感观测系统获取区域三维倾斜影像。获取遥感数据后，进行遥感影像质量检查、预处理（几何校正与地理编码等）、检校空三加密、影像拼接等一系列图像处理操作，之后进入地物提取环节。

对无人机低空飞行影响较大的敏感地理要素包括地形、建筑物、电力线（杆），以及风力发电设施等地表附着物。由于光谱、形态等特征不同，不同敏感地物提取方法不同。为提高地物提取精度，在实际地物提取过程中，可以通过多源、多尺度无人机遥感数据为典型的约束要素建立无人机遥感标准数据库，以加大遥感影像中的信息量，通过采用非监督分类、聚类分析等机器学习方法，以及多种指标信息对地物进行分类（如纹理信息、光谱信息等），提高约束要素的识别精度。

提取敏感地物后，对各敏感地物的实际作用净空边界及其空间风险分布进行评价和定标，并根据民航局公布的《无人机围栏》对地理围栏模型元数据、坐标系、数据结构等要求，构建地理围栏数据库。

4. 航路搜索与优化

根据无人机路径规划特点可将路径搜索算法分为全局静态和局部动态路径规划。全局静态路径规划是在已知环境信息前提下，如何在安全范围内避开障碍物和威胁，在动力学参数、各目标函数限制下找到到达目的地的最优路径问题；局部动态规划面对的是动态实时环境信息，属于在线规划，对算法要求实时性好、高效、稳定。仿生智能算法可以解决各种复杂非结构化地理约束和各种难以近似处理的动力学约束等难题，且优化问题本质上是多模态的，因为对于每一组障碍物或威胁，可能有多个路径集，代价各不相同，因此，可以在静态全局规划中采用仿生智能优化算法；但该算法存在规划周期长等问题，因此，在局部动态规划中需将仿生智能算法与其他局部路径规划算法融合进行路径的快速规划。

可进行路径搜索的智能仿生算法有很多，其中，蚁群算法在求解复杂优化问题特别是离散优化问题方面具有优越性。蚁群优化算法于 1992 年被 Dorigo 提出，并成功高效地解决了旅行商问题。经过 20 多年的发展，蚁群算法已被诸多学者用于无人机路径搜索研究中，同时为了解决算法本身存在的收敛速度慢、易于陷入局部最优等问题，从信息素更新、状态转移规则，以及与其他算法融合等方面作了很多改进。信息素更新方面，可以通过引入航路点的动态自适应选择策略和信息挥发因子动态自适应调整准则有效地克服这一缺陷。状态转移规则方面，可以通过改进距离启发因子和角度因子将路径长度信息和方向信息分别作为搜索的指导信号，以克服该算法的收敛速度慢、易于陷入局部最优的缺点。此外，蚁群算法的并行性和优良的分布式计算能力使其能与其他启发式算法结合，从而在路径搜索过程中能同时兼顾全局和局部，进行优势互补，最常见的有利用遗传算法的交叉和变异能力对蚂蚁种群操作得到新品种以增加多样性。蚁群算法与其他算法的融合使该算法的研究不论是广度还是深度都有了长足的发展，应用范围也在不断拓展，伴随着算法的发展，蚁群算法与其他算法的综合应用研究有广阔的前景；局部动态三维路径规划对实时性要求高，而人工势场法对运算的要求低，实时性好，可以达到毫秒级以下。该算法基于虚拟力场进行路径规划，把运动环境比作一个人工的力场，无人机在其中运动会受到障碍物的斥力和目标点的引力，在力的相互作用下避开障碍到达目标点，因其模型简单、计算量小和实时性好等优点，在实时避障中得到了广泛的应用。

无人机航路除了安全性要求外，还需满足无人机的动力学转弯速率和最大爬升/俯冲角约束。其中，动力学转弯要求航路上任意一点上的曲率必须小于无人机可达到的最大曲率，而三维空间里，可飞行的路径通过曲率和挠率确定，对于无人机而言，路径的曲率相当于偏航角速率转弯，挠率相当于滚转角速率滚转。最大爬升/俯冲角是无人机在垂直方向上单次持续爬升和俯冲的最大角度，角度过大会导致无人机失速。因此，为了满足无人机的动力学约束，设计航路时需要考虑现有无人机的最大转弯角、最大滚转角和最大爬升角等机动性参数，并将其转化为数学模型，对生成的最优路径进行优化。

5. 航路网构建

生成航路后，构建安全、高效的航路交通网络（图 6-6），同时避免航路交叉是需要着重考虑的问题。借鉴地面交通管理，第一，不同层级航路的规划高度范围不同，根据各级航路的主要职能和特点，适飞的无人机类型不同，导致最小安全高度不同，因此，可以通过界定各级航路规划高度范围来规避；第二，同级航路间的交叉冲突通过飞行高度分层和优先排序解决，当航路网密度足够大时，同级别航路会出现交叉问题，考虑到无人机飞行特点，航路交叉易导致无人机碰撞事件，给航路的安全飞行和管理带来极大风险。优先级原则从时间上考虑，即优先权较高类型的无人机优先通过交叉点，如应急救灾无人机。

图 6-6 真实场景下的无人机低空末端航路网示意图（徐晨晨等，2020）

6. 航路仿真飞行测试与真实飞行验证

为了验证航路的安全性和科学性，需要对航路构建结果进行仿真飞行测试和实际飞行验证，产生飞行测试和风险评估报告。

在仿真飞行前，根据无人机真实参数，通过三维建模工具建立等比例无人机三维模型。利用自由度（Degree of Freedom，DOF）技术，根据无人机真实结构和参数，设置多个 DOF 节点，包括飞机主体节点和舵面节点，实现无人机三维模型各局部的相互独立运动，以还原出无人机实际姿态，包括爬升、左右盘、下滑等，并模拟出舵面偏转和螺旋桨转动等细节特征，以达到优良的三维模拟效果。此外，一个好的地形场景对一个三维仿真有着至关重要的作用，因此多源三维地形融合及可视化技术、三维重建和三维地图技术至关重要。通过融合倾斜摄影数据（提供建筑物表面模型）与三维地形数据（提供宏观环境中位置信息及周边环境），能为用户提供更加真实、准确的可视化体验，以及三维空间分析数据支撑；通过遥感数据的三维重建和三维地图关键技术突破，能为仿真模拟提供高精准的三维环境。仿真飞行过程中，实时检测并计算无人机当前位置与周围"障碍物"的碰撞风险，以及环境威胁系统，飞行结束后生成仿真飞行测试报告，包含航路结果参数、飞行任务起止时间等详细信息，以及飞行风险评估等信息。

在实际飞行前，需要对航路结果所在区域进行实景校验，重点监测通信链路参数、局部气候环境建模精度，以及各种地理信息的准确度等。城区地理信息主要包括城市建筑、道路交通、市政基础设施等，山区地理信息主要包括地形、电网高塔等。通过实地调查，采用野外勘测、拍照取景的方式获取地理信息。在飞行仿真验证系统中，与模拟飞行的场景进行比对，以校验地理信息准确度。

7. 固定航路结果推送

为实现无人机低空公共航路规划结果的应用，关键技术还应包括固定航路的推送功能。首先，无人机用户通过联网地面站发送航路规划申请，提交航路起止点经纬度、任务性质与持续时间、无人机识别码、无人机型号等参数，以及用户身份等加密信息。基于 Web 端的航路规划系统接收"消息"后进行解码与识别，触发后端进行航路高效计算与优化，得到最优航路后通过 json 文件记录下航路坐标点位置信息，并将数据发送到 Redis 分页数据库的消息队列中，并编译成 ASCII 码传输到无人机地面站服务器中，最后通过 Mavlink 将数据传输到无人机飞控中；另外一种方式将航点数据直接推送至飞控。

6.4　面向无人机运行监管的 5G 通信技术

随着 ToB 和 ToC 端无人机市场需求的蓬勃增长，无人机安全成为亟待解决的问题，然而传统的无人机操作方式都是以"无人机+控制台"的一对一线下方式进行，无法实现无人机与监管系统的实时连接，导致安全监管无从下手。

5G 通信技术的引入让无人机的实时监管变成可能，基于 5G 网络的大连接、低时延和大带宽特性和 5G Massive MIMO 技术，大量无人机设备可以像现在的移动终端一样随时随地接入蜂窝网络，将飞行过程中的各类状态数据、载荷数据实时回传到指挥中心。指挥中心则可以像传统空管系统一样对无人机进行实时的监测、调度和控制。不仅能解决无人机广泛应用后出现的监管难题，还能在无人机出现异常后精准溯源，为无人机市场快速、安全、有序增长奠定管理基础。

6.4.1　国内无人机监管通信技术进展

我国无人机运行监管的通信技术手段主要包括无线广播和蜂窝移动网络监管。无线广播是通过无线广播发射机（如 Wi-Fi、蓝牙）周期性的广播无人机身份识别标识、空间位置、飞行状态等信息，再通过地面终端（如手机、车载终端等）接收并解析广播信号，来实现对无人机的控制和管理。该方案成本低、技术成熟，但广播信号覆盖范围受限，在无人机的广泛应用和统一监管上存在困难。基于蜂窝移动网络的网联方案，机载终端通过接入移动通信网络进行实名登记、可信位置校验、实时可靠的传输控制信号和业务数据，由应用服务器加载各类场景业务。该方案继承并完善了现有移动通信网络的管理流程和加密认证机制，保障了端到端业务的安全可靠，并且具有网络覆盖率高、安全可靠、防篡改等优点。

目前网联方案已经广泛用于电力巡检、安全消防、应急救援等诸多领域。然而，在实践和相关测试中发现，由于无人机的飞行航路通常高于天线，视距传播的概率增大，因此，无人机将会受到来自更多站点的上下行信号的干扰，尤其是在偏远区域、地面基站稀少等特定场景下，蜂窝移动网络覆盖会存在信号弱区，甚至存在信号盲区。另外，更强的邻区干扰将导致空中切换频繁，切换失败和掉线的次数比地面高出数倍，从而出现无人机失联的情况。在安全管理方面，无人机实名监管手段有限，监管部门尚无有效的无人机应急处理能力，行业内普遍缺乏无人机反制措施，存在"黑飞"的安全风险。因此，无人机的通信干扰协同、移动性管理和身份识别，是下一阶段网联方案亟需解决的难题。

6.4.2 无人机运行监管中的 5G 关键技术

1．大规模天线阵列技术（Massive MIMO）

5G Massive MIMO 技术是 5G 的关键技术之一。由于无人机的飞行活动一般集中在小于 300m 的低空空域，而传统网络是基于地面覆盖建设的，对低空覆盖的兼容性差。5G 的 Massive MIMO 和波束赋形（Beamforming）等技术能够切换最佳波束，将更窄的波束对准目标用户，为用户提供无缝覆盖，有效避免因网络覆盖差导致的失联，使得对无人机进行统一监管成为可能。

2．新空口技术

5G 新空口技术（如 Numerology、BWP 等）可以根据不同的业务时延需求调度不同子载波间隔和时隙符号数目，同时结合前置导频、迷你时隙、灵活帧结构等策略，可有效降低系统整体时延，满足无人机飞控、直播视频数据等的低时延要求。BWP 能针对不同带宽分频接入，可以支持不同的 Numerology，地面和空域采用不同的 BWP 资源，从而减少空地间的干扰，提升对无人机的精准控制能力。

3．移动边缘计算（Moving Edge Calculation，MEC）

结合 MEC 的部署，可以保证 5G 网络的大宽带、高速度与低时延特性，使得无人机飞控、视频的实时网联成为可能。MEC 部署在靠近数据源头的网络边缘位置，使得网络节点最大程度靠近业务，从数据传输路径上降低了端到端业务的响应时延。同时，可以将无人机视频等信息存储在本地节点，节省了传输资源。此外边缘节点是一个融合网络、计算、应用核心能力的开放平台，可以提供边缘智能服务，将一部分无人机的高资源需求型业务，如图像人工智能（Artifical Intelligence，AI）识别、高清图像存储等，分流到 MEC 上进行处理，能节省无人机的功耗和成本。

4. D2D（Device-to-Device）技术

5G 具有 D2D 模式，当无线通信设施损坏时，终端可利用 D2D 实现端到端的通信，不再通过网络系统，减少了网络传输的负担，而且交流速度更为快捷，从而扩展无线通信的应用场景。D2D 支持用户之间直接通信，规避了传统通信占用频带资源的问题。而且 D2D 同样支持用户共享传统网络中的资源，提升了资源的使用效率。D2D 增强了网络的稳定性、安全性，灵活性高，能提供更丰富的通信模式及更好的端用户体验，这也是 5G 的重要演进方向。

5. 网络切片技术

5G 网络新技术拥有切片功能，能够满足各种场景的需要，针对不同的场景提供相应的解决方案，从而保障了网络资源的合理分配，提高了资源的利用效率。在创建网络切片的过程中，需要调度基础设施中的资源，包括接入资源、传输资源和云资源等，而各个基础设施资源均具备管理功能，通过网络切片管理，根据用户不同的需求，为用户提供共享或者隔离基础设施资源。由于各种资源的相互独立性，网络切片管理也在不同资源之间进行协同管理，实现按需组网。基于 SDN/NFV（软件定义网络/网络功能虚拟化），为不同切片提供对应的 QoS 服务和网络安全服务。

无人机接入蜂窝移动网络后，完善无人机的监管，使得空域资源得到合理利用，并进一步扩展无人机应用领域。5G 更大的带宽使得无人机信息传送能力更强，满足更多场景的业务需求，而超低时延意味着对无人机更加精准、更加高效的管控。

6.4.3　5G 网联无人机解决方案探索

中国移动（成都）产业研究院在业界率先提出基于 5G 的网、云、端一体化网联无人机解决方案，下面介绍 5G 网联无人机解决方案在无人机运行监管发展和应用中的探索和实践。

1. 低空通信覆盖分析

如图 6-7 的空域划分情况，300m 以下在不需要修改地面基站天线俯仰角度的情况下，可基本覆盖无人机的多数应用场景，满足数据和视频传输要求；300～1000m 需要 5G 专网覆盖；1000～6000m，专网结合卫星等其他通信方式补充覆盖。

为了分析研究覆盖优化技术，中国移动（成都）产业研究院在多站点、连续 5G 网络覆盖的环境下，针对低空网络覆盖、图传能力、网络时延等开展了仿真测试和实际飞行验证。测试数据表明，在 300m 以下的低空空域，如图 6-8 所示，5G 提供的网络能力可以充分满足大部分无人机应用的链路需求；图传测试结果显示，在 300m 以下常规低空场景，高清视频回传流畅全程无卡顿，5G NR 小区切

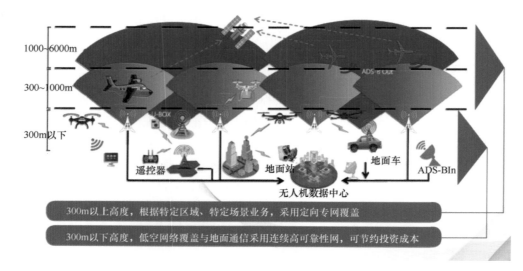

图 6-7　空域划分图

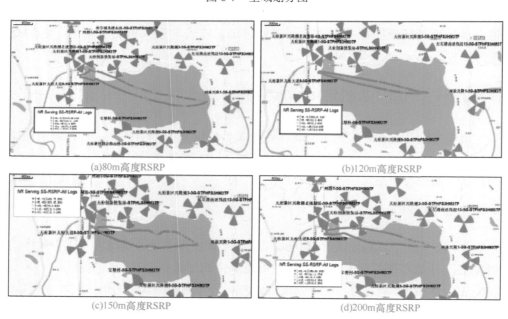

图 6-8　80m/120m/150m/200m 高度层的 RSRP 差值分布

换对视频传输无影响；时延测试结果显示，无人机数传业务 ping 包的时延小于 21ms，远低于时间敏感业务端到端的时延需求（50ms）（数据来源：中国移动（成都）产业研究院 2019 年 9 月发布的《面向 5G 网联无人机低空覆盖白皮书》）。

2. 端到端的无人机监管体系

5G 网联无人机云平台作为无人机端到端管理的业务平台，从管理层面，可以对无人机全时段飞行数据进行收集和存储，为安全监管和价值挖掘提供数据平台；从应用层面，云平台不仅支持对接无人机飞行相关的第三方数据（如气象、空管），为飞行提供必要的外部数据支撑，同时还支持无人机规模应用所需的调度和控制能力。

通过构建无人机端到端的管控、能力开放、AI 与大数据分析、行业应用和增值服务等业务板块的网联无人机管理云平台，提供如图 6-9 所示的无人机领域一站式解决方案与服务监管体系。

图 6-9　无人机领域一站式解决方案与服务监管体系

3. 一机一码

网联无人机通过机载通信模组，接入 5G 网络，实现与无人机云平台之间的数据传输和控制。无人机起飞前，须通过 5G 通信模组上的唯一标识 ID，在核心网上进行认证。基于 5G 网络的认证鉴权和加密机制，可以有效定位设备，保障设备可信，有效识别"黑飞"目标。这种一机一码实名管理机制，可以实现云平台对无人机的精准管理与业务需求匹配，促进无人机的统一管理、产业发展。

4. 网络安全机制

网络安全是无人机统一管理和应用服务的基础和保障。针对不同层次的安全需求，通过设计通信链路安全分级、安全认证、安全传输协议、构建攻击防护、访问控制、隐私保护等安全机制保障端到端网络安全。

近年来，中国 5G 逐渐完善，推动着无人机行业快速发展，伴随着无人机应用场景的不断拓展，中国成为无人机行业应用的重要市场，大量企业和资本入局，布局中国无人机领域。

从社会价值角度讲，5G 网联无人机的引入能赋予更多行业生产效率的提升，如应急通信、消防、电力巡检行业等，利用无人机能够避免工作人员在危险的环境下工作，保障了从业者的人身安全，同时在安防救灾、农业、教育、医疗等领域的应用拓展，也不断为社会提供服务。

6.5 无人机云端管控系统关键技术

如第 2 章所述，根据制定的无人机交通管理政策与手段，依托互联网和信息技术，中国及美国、欧盟、新加坡等国家和地区开展了无人机云端管控系统的建设工作。无人机云端管控系统从狭义上来定义即是通过无人机定位设备获取的无人机位置及飞行状态，按照一定的数据规范接口推送到云端实现信息的交换和共享，并能基于地理围栏的实时更新和报警实现飞行计划审批。从广义上定义，则是通过综合利用互联网、物联网、移动通信、卫星导航、遥感等高新技术，对大范围无人机实现精准的时空定位和数据分析，地形建筑避障、无人机间通信、无人机交通管理、空域资源调度、航路规划等功能，在必要时能在飞行控制上干预介入，以实现无人机低空的安全和高效运行的系统体系。其中包含了监管方的交通管理系统和无人机运营商的云系统及无人机用户终端系统。

总体来看，民航局批准的"十一朵"云系统及其他企业或组织开发并运行的云系统属于狭义上的无人机云端管控系统，虽说不同程度地利用了互联网、物联网、移动通信、卫星导航技术的新近发展成果，并实现了对一定数量的无人机定位及飞行状态的有效监控，但从满足现实需求及适应未来发展的角度看，系统仍需要在战略层和战术层进行前沿技术的攻关，具体包括大数据云存储和交换、基于地理信息和 AI 智能决策的冲突消解等关键技术并开展综合集成类大型管控基础设施建设研究（详见 6.7）。

6.5.1　云数据交换平台构建技术

云数据交换平台需要满足接入的无人机云在人口稠密区最少每秒一次报告所有运行的无人机的位置，在非人口稠密区报告频率最少每 30 秒一次，实现对无人机运行数据监测和数据交换。目前，在民航局委托下，由中国民航科学技术研究院按照行业标准 MH/T 2009—2017 年研制的无人机云交换平台已经正常运行（柏艺琴等，2019）（无人机云交换平台详见 4.1）。基于此，以下从大数据存储、云计算、数据可视化分析等相关关键技术进行论述。

1. 无人机大数据存储

无人机数据可以采用传统关系型数据库或文件数据库进行存储和管理，但随着无人机云系统和无人机接入数量的增加，平台无人机运行数据呈指数增长，且由于各无人机云运营商管理不到位使上报的运行数据中脏数据增多，带来数据清洗的难度增大。预测 2020 年云数据交换量将达到 10TB 以上，且要求无人机运行数据永久存储。针对传统关系型数据库在海量数据导入和检索上受限于单核 CPU 带来的效率低下的问题，引入 NoSQL 非关系型数据库如 Apache Cassandra，通过由一定数量的数据库节点共同构成的分布式网络，数据的读写操作将不局限于单一数据库，通过路由表快速检索所需要的数据，实现海量数据存储与管理。

2. 云计算框架

采用集群环境的大数据计算框架对无人机大数据进行处理分析，如 Spark 是用于大规模数据处理的快速通用计算引擎，它提供了一种抽象的弹性分布式数据集（Resilient Distributed Datasets，RDD），通过共享内存，构建只读的记录分区集合，用来完成各种各样的运算，如 SQL 查询、文本处理、机器学习，以及各种交互式计算和复杂算法。在分析无人机云数据时，使用 Spark 读取原始压缩的 TXT 文件，转换成 RDD 后进行清洗筛选，根据特征分析维度按小时、天、月、季度、年分区，最后将管道结果（聚合数据）存入 Spark 中。

3. 数据可视化分析方法

无人机大数据可视化充分利用了数据存储和计算的能力，弥补计算机自动化分析方法的劣势，形象直观地洞悉数据背后的信息，为无人机的监管提供科学的决策依据。由于无人机数据的时空特性，将数据可视化与地理制图学相结合，重点对时间与空间维度及与之相关的信息对象属性建立可视化表征。采用支持 Spark 和 Cassandra 的分布式时空数据计算引擎，如 GeoMesa 对数据建立时空索引，存储点、线和多边形等空间数据，支持时间序列分析、性能评估、直方图和热力图等可视化处理。

6.5.2　无人机飞行冲突消解和隔离

民航局批准运行的无人机云系统利用云计算和存储的能力可实时监视无人机位置，并进行信息交换，但对于如何在飞行前隔离安全风险及飞行过程中的冲突消解方面尚有不足，需要从战略层和战术层两方面去解决。具体包括以下两个前沿技术。

1. 无人机网格限高地图

网络限高地图基于网络技术发展而来，详细网络技术介绍见第 3 章。网格限高地图最早出现在美国 UTM 无人机交通管理系统体系中，在美国的无人机服务提供商开发的系统中实现。主要是为了满足低空授权和通知协调能力，基于地理围栏设置低空空域地图。地图上的每个网格被赋予一个高度值（不高于 122m），以此来确定无人机可飞行低空空域。通过粗略高度分层的方式，预先设定无人机可飞行的高度以隔离无人机与地表约束要素，降低安全隐患。目前网格限高地图的限制区域主要集中在机场、学校、居民区等人口稠密和安全隐患区。监管方可实时更新限制区域的信息，并能通过云交换系统实时监测区域内无人机运行态势。无人机用户根据机型、高度、飞行时间规划无人机飞行航线，系统可实时检测无人机与地理围栏的距离，对超过安全阈值飞行的无人机进行报警提示。

2. 基于高精度地理约束要素网格信息和智能算法的动态路径重规划

在无人机近地空间飞行中，除了机场、学校等管制区域，地表附着物（建筑、道路、电力线、水系、居民地、绿化带等主要基础地理要素）也是制约其安全飞行的关键约束要素。通过多源遥感数据对低空飞行约束要素的几何、空间关系、属性及语义信息自动化智能提取，并采用地理网格对二、三维数据进行剖分编码转换以融合构建具有高精度地理约束要素网格信息的复杂低空空域环境。

对于静态障碍物，将用户飞行计划提供的航线信息（起止点经纬度和高度、任务起止时间、无人机识别码等）根据网格体系规则（网格空间形状、网格大小等）转换成一系列带有空间属性的网格集合。利用云系统的高性能计算能力对高精度地理约束要素网格信息与飞行计划航线网格叠加计算，计算航线网格与约束要素网格之间的距离，一旦距离小于无人机飞行安全缓冲区具体数值，即检测到飞行冲突，此时需要进行飞行路径重新规划。基于不同约束要素成本构建的递归树结构，计算最优路径。

对于动态障碍物，主要考虑空中其他运行的无人机。基于 TCP/IP 协议的机间通信（Vehicle-to-Vehicle，V2V）连接范围内其他运行的无人机，将位置和速度，以及运行所需的净空半径等信息以时间戳的方式传递给本地运行的无人机，通过对通信连接的无人机进行插值预测位置并计算出净空范围，结合其他地理约束要素信息，构建成本递归树，计算最优路径，动态重规划，实现战术级冲突消解。

值得一提的是，2020 年，中国科学院专项支持了面向低空航路规划构建的高精度地理约束要素提取研究，有望先行一步在遥感技术支撑低空航路规划上面探索一些可行方法，开拓新的研究应用。

6.6　无人机交通管理系统发展方向

无人机交通管理系统是上一节介绍的无人机云端管控技术主要的承载平台。其详细发展现状已在第 4 章有专门介绍。总体而言，包括 ICAO 在内的全世界各民用无人机管理相关组织或机构针对无人机交通管理的研究和探索多处于基本体系框架和关键支撑技术方案的探讨和论证阶段，尚没有完整成熟的解决方案，更没有大面积的实践应用，如 ICAO 于近期才刚刚发布了 UTM 通用框架和核心规则，美国 UTM 项目中当前最具有实用性的 LAANC 系统也仅能完成基本的飞行服务授权功能，欧洲的 U-Space 及日本等传统民航强国则还处于概念设计阶段。相比较而言，我国除发布了相关文件外，还结合国情开展了一系列相关试点验证工作，如民航局无人机实名制登记注册管理，以及在深圳及海南地区开展的针对空管体系和技术的 UTMISS 试点项目。这些工作虽然也已经让我国的无人机交通管理工作走在了世界前列，但仍然存在需求难以满足、缺乏科学支持的决策等问题。

本节结合国内外民用无人机运行管理现状，主要从无人机空中交通管理系统体系框架和交通管理系统关键技术两方面论述无人机交通管理系统的发展趋势。

6.6.1 无人机空中交通管理系统体系框架发展趋势

空中交通管理的内容主要包括空中交通服务、空中交通流量管理和空域管理三大部分（张军，2005），空中交通管理是建设我国现代化综合交通运输体系的重要环节，是民用航空安全、高效和公平运行的基础（吕人力，2009）。民用无人机的交通管理直接面向无人机飞行作业，是其他各个监管环节和成果的集中体现。保障飞行安全和效率也是无人机管理各项工作的根本目标。从世界各国在无人机交通管理系统体系框架的建设情况上来看，可以认为无人机交通管理未来在整个无人机管理中处于核心地位。该管理体系基于一套通用的交通管理框架，遵循本国国情进行适当的改变，针对不同的运行场景下，从无人机交通管理参与方、无人机交通管理服务内容、数据流结构等方面进行框架的详细设计。

1. 无人机交通管理参与方

国内外对于无人机交通管理参与方的分类主要是从运营人、政府、USP 三个角度考虑，不同参与方具有不同的服务职能。运营人指从事民用无人机运营作业、生产研制、信息服务的个人、组织或者企业。政府监管方指从事民用无人机监管的政府机构，包括民航管理局、军方、公安警察部门等。USP 指提供一系列民用无人机交通服务的机构，是运营人和政府监管方的桥梁，对应于传统 ATM 体系中的 ANSP。

前面第 4 章已介绍，我国正在建设 UOM 作为中国的 UTM，也涉及多部门参与和运行管理，包括围绕 UOM 建设与低空航路的规划与构建等，民航系统与中国科学院也开展了研究。

2. 无人机交通管理服务内容

民用无人机交通管理的内容包括空域管理、流量管理和空中交通服务三部分。

空域管理是依据各国家相关政策，通过优化空域结构，尽可能满足空域用户使用空域的需求。空域管理主要包括空域分类与划设、间隔管理、航线划设、空域使用、空域评估和优化等（陈志杰，2010）。

流量管理是通过适时地调整，保证空中交通最佳地流入或者通过相应区域，提高无人机起降点、空域可用容量的利用率。流量管理主要包括飞行风险评估、飞行计划审核、空中及地面等待程序发布、在线改航等。

空中交通服务的目的是防止无人机与无人机、无人机与有人机、无人机与地面障碍物、无人机与空中障碍物相撞，维护和加快空中交通的有序流动。功能主要包括：身份认证、态势感知信息采集与发布、间隔保持与感知避让、应急处置、记录与统计分析等。

3. 无人机交通管理数据流结构

民用无人机交通管理体系中涉及的数据流主要包含静态数据部分及动态数据部分。其中，静态数据管理即前文提到的针对注册、适航、驾驶员执照、维修等进行的管理。动态数据管理考虑了无人机交通管理体系与传统有人航空 ATM 体系的融合。

如图 6-10 所示，无人机系统（包含地面控制站）可以直接向 UTM 体系传输数据，也可通过信息服务商（如无人机云系统）、无人机厂商、运营人等进行中转传输。考虑到民用无人机运行的社会属性，军队、公安、公众也可以与 UTM 体系交互诸如飞行动态数据、飞行计划、适飞空域、气象信息、飞行通知公告等。

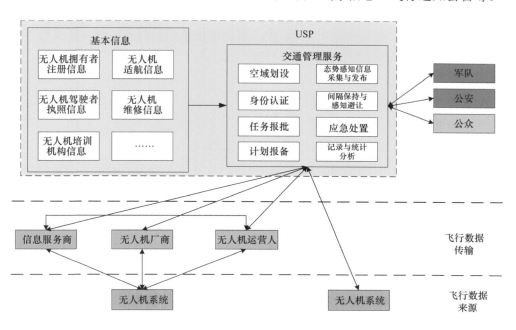

图 6-10   民用无人机交通管理体系数据流架构

6.6.2　交通管理系统关键技术发展趋势

下面从空域管理、流量管理和空中交通服务等无人机交通管理内容分别介绍其关键技术发展趋势。

1. 空域管理关键技术

空域管理关键技术具体包括空域分类与划设、飞行间隔管理、航路航线划设技术等内容。

（1）无人机飞行空域分类与划设

目前，国内外针对民用无人机管控空域、适飞空域的划设标准相对粗犷，缺乏充足的理论依据和技术支撑，如采用二维水平范围并外扩的方式来划设民用机场净空保护区域，包括距机场跑道中心线两侧各 10km、跑道两端各 20km 以内的区域，并以此作为民用机场的无人机禁飞区。民用无人机分为微型、轻型、小型、中型、大型等多种类型，飞行特点不一，且为移动目标，用限制静止障碍物的区域来限制小型移动目标，欠缺科学性。因此，未来民用无人机飞行空域应是采用三维甚至四维空域属性表征，基于网格化的空域管理思想，划设民用无人机的管控空域、适飞空域的三维虚拟边界，把三维地理信息映射到网格中，可以为不同的行业应用提供不同的精度范围（全权等，2019）。

（2）无人机飞行间隔管理

在传统 ATM 体系中，飞机之间在各种飞行阶段的水平及垂直间隔已经定义的非常清晰。然而，民用无人机尺寸、性能、飞行场景差异巨大，其相互之间的间隔标准，以及无人机与有人机之间的间隔标准将会变得更加细化。到目前为止，还没有可供系统性讨论的间隔方案。将来针对 UTM 体系中的间隔研究需要充分考虑无人机、有人机的飞行动力学特征，以及飞行场景、机载设备性能等方面的因素。

（3）无人机航路航线划设技术

民用无人机航路航线划设是指满足民用无人机机动性能约束、空域环境、自然地形环境、起降点环境、气象环境等无人机飞行环境约束下，设计出一条从起点到终点的代价最小的飞行航路航线（全权等，2019；Otto et al.，2018）。可分为静态航路航线规划和动态航路航线规划。目前侧重在低空静态航路航线的划设上，动态航路航线划设重点解决应对临时禁限飞空域、天气危害等各种突发情况下调整局部航线的划设问题。无人机航路航线划设技术未来应重点关注民用无人机公共航路航线的划设（廖小罕等，2018；徐晨晨等，2019）、动态航路航线划设、应急航路航线划设和融合飞行场景下的航路航线划设。

2. 流量管理关键技术

流量管理关键技术具体包括无人机运行风险评估、流量调度等内容。

（1）无人机运行风险评估技术

目前国内关于无人机运行风险评估技术大都基于 SORA 技术（中国民用航空局，2019b），即通过定性评估相关输入参数，得到无人机在特定条件下飞行的地面风险等级、空中风险等级，从而实现对应特定保证等级和完整级别的无人机运行安全目标。未来的无人机运行风险评估技术应充分考虑周边人群密度、地面建筑物、电磁环境、气象条件、机体本身功能性能、飞行线路空域态势、驾驶员历史飞行记录等大量数据，构建无人机飞行全过程安全评估模型，全面识别民用无人机全周期飞行过程中的各类可能性危害，界定安全评估指标，分别测定地面与空中相撞类别，评估地面与空中风险等级，监督和指导无人机安全运行。

（2）流量调度

与传统 ATM 体系中的流量调度相似，UTM 体系中的流量调度技术也主要包含空中/地面延误程序，以及飞行在线改航程序。到目前为止，即使在已经相对较为成熟的 ATM 体系中，上述程序的自主程度和智能化程度依然有所欠缺，大量流量调度指令依然依赖人工经验。一方面，在 UTM 体系中，由于机上不再有飞行员，指令将基本全部依靠数字化方式传输、理解和执行。另一方面，无人机飞行量将远远超过当前 ATM 体系中的飞行流量。这些特性都对相应流量管理指令的自动化和智能化生成提出了更高的要求，也是未来 UTM 体系中流量管理技术的发展重点。

3. 空中交通服务关键技术发展趋势

空中交通服务关键技术具体包括 DAA 技术、指令与控制链路（C2 link）、可靠的身份识别与认证技术、广域信息交互技术等内容。

（1）DAA 技术

民用无人机 DAA 技术类似于载人航空器的要求，能察觉、感知或探测碰撞或其他风险，并采取适当应对措施的能力（张建平等，2017b），可分为态势感知、冲突探测和冲突解脱（付其喜等，2019）。未来的 DAA 应具备实时检测民用无人机与地形或地面障碍物间隔、与适飞或禁限飞空域边界间隔、与周围航空器间隔、与周围鸟群间隔、与危险天气间隔，确定一个有效的规避策略并执行，最终安全返回原始飞行轨迹。即使在指挥控制中断的情况下，民用无人机也能够自主地进行感知避让。

（2）C2 link 技术

影响民用无人机 C2 link 可靠性的因素众多，包括环境因素、自然干扰，以及设备故障在内的各种因素都可能导致 C2 link 的丢失（张建平等，2017b）。当 C2 link 丢失无法控制无人机时，应具有 C2 link 丢失应急处置程序，同时将会飞向预先设定的位置（付其喜等，2019）。未来的民用无人机 C2 link 技术应完全满足起飞至着陆各飞行阶段安全飞行的可靠性和完整性要求。

（3）可靠的身份识别与认证技术

一方面，与 ATM 体系类似，未来 UTM 体系中除了要实现对无人机目标的信息采集，还必须确保其信息的真实性、完整性和可靠性。另一方面，实现无人机监视如远程身份识别（Remote ID）的技术方案较传统 ATM 体系更为多元化，除在某些运行场景中可继续使用如应答机、ADS-B 等技术外，移动蜂窝网在轻小型无人机监视中的应用前景也是广泛的。未来针对各种监视技术手段下如何实现传输数据能得到可信识别，如何确保传输过程中数据不被篡改是实现可靠身份识别和认证的基础。

（4）广域信息交互技术

在 UTM 体系及 ATM 体系中，无人机之间、无人机与有人机之间、无人机与 USP/ANSP、USP 和 ANSP 之间都将存在大量的信息交互。由于 UTM 提供的交通服务内容已经有别于传统 ATM 的服务，相应通信的接口规范、数据内容都可能与传统有人机与 ANSP 的数据接口不同。未来结合运行场景和 UTM 所提供服务特点而对相应数据传输技术、数据接口规范和标准进行研究是 UTM 体系下广域信息交互技术的发展重点。

6.7 集群组网技术

随着无人与自主技术的深化应用，无人机集群组网已成为重要发展方向。通过紧密的协作，无人机集群系统可以体现出比人工系统更卓越的协调性、智能性和自主能力。此外，无人机组网技术的应用发展迅速，除了灯光秀外，应用范围正不断拓展。其中，基于组网协同发展的遥感观测正在成为研究前沿，如何规范管理大范围组网的无人机飞行成为热点问题。

物种的集群是指在同一期间内生存在没有任何隔离屏障的同一地域内的同种系生物的个体集合，简称种群。由众多个体组成的生物种群，因其内个体相互之间的影响作用，很容易产生出由此种影响作用所引起的自发效应及对策性行为，这就是物种的集群效应（段海滨和李沛，2017）。生物集群行为是一种普遍存在的自然现象，从成群迁移的角马、集体飞行的鸽子、结队巡游的鱼类，到觅食的蚂蚁、采蜜的蜜蜂，乃至细菌等微生物、细胞和蛋白质，不同尺度的生命体都存在着复杂的群体行为。在生物群体中，个体的感知/行动能力有限，遵循简单的行为规则，却能够通过相互协作完成迁徙、觅食、筑巢、御敌等复杂的团队活动，在群体层面上呈现出有序的自组织协调行为。

无人机集群是指借鉴自然界的自组织机制，通过相互间信息通信，使具备有限自主能力的多架无人机在没有集中指挥控制的情况下实现较高程度的自主协作，产生整体效应，从而能在尽量少的人员干预下完成预期的任务目标。自主集群飞行技术具有以下三个重要特点：一是无中心化，即没有一个个体处于中心控制主导飞行的地位，一旦有任何一个个体消失或丧失功能，整个群体依然有序地飞行；二是自主化，即飞行期间无人为操控，所有个体只控制个体飞行，并观察临近个体位置，但并不对任何其他个体产生主观影响作用；三是自治化，即所有个体自然形成一个稳定的集群结构，一旦有某一个体因丧失功能脱离群体或因任何原因改变群体结构位置，新的集群结构排列会快速自动形成并保持稳定。因此，无人机集群中个体数量的多少固然是一个考量的因素，但集群真正的难度在于无人机自主性的高低，以及个体数量增多以后带来的集群协同性。

6.7.1　无人机集群组网关键技术

无人机集群组网是无人机集群的拓展应用，主要包括多无人机实时协同规划、任务分配与优化，多无人机实时在线航路规划，多无人机编队飞行控制，以及多无人机动态自组网等关键技术。

1. 多无人机实时协同规划、任务分配与优化技术

在多机协同条件下，系统往往由不同类型的无人机构成，用来应对不同类型的任务，任务分配需要协调相同或不同类型无人机相互配合共同完成具有多种约束的任务。同时，任务环境、无人机剩余资源及突发事件是动态变化的，不同无人机在任务执行能力上也存在差异，需要实现多机任务分配层面的协同一致，降低时空和任务序列等方面的冲突，使无人机能够应对任务变更、突发事件应急等复杂情况的处理，提高无人机任务协同的能力（林林，2013）。

多无人机航路规划是指根据各无人机分配到的任务序列，为无人机规划执行任务所需的航路，这些航路需要满足多种约束条件，并且要能够保障无人机的航行安全，使无人机能够有效地回避禁飞区域和危险区域，以合理的代价在指定的时间内达到任务区域（林林，2013）。其研究的主要内容包括航行环境建模、航路规划算法等问题。尤其对于多架无人机的航路规划问题，首先需要适应执行任务过程中周边态势的变化，当出现突发情况或者更改任务时，需要快速规划出相应的新航路，此外，还要着重考虑各个无人机在航行过程中的时空协同关系，使得编队中的无人机能够在确保航行安全的前提下，根据任务协同要求到达指定目的地。其中，时间协同要求各个无人机能够按照预定时间联合行动，而空间协同主要避免无人机之间的碰撞危险，以及有效回避危险区域和障碍物。

无人机任务分配，是指在满足各项技术指标的前提下，按照一定的原则将任务集合分解为一系列可以由无人机执行的任务，进而为各无人机分配相应的任务，在满足多种任务约束的前提下，以最小的代价得到最大化的任务效能。除此以外，还包括确定任务的执行顺序及航行路线等问题。对于无人机任务分配问题的求解，主要采用确定性方法和启发式方法。确定性方法包括动态规划、深度优先和广度优先算法等。这类方法可以求得确定的最优解，但相比之下，启发式方法则具有应用灵活、复杂度低、易于实现等特点，因此在无人机任务分配领域吸引了较多的关注。

2. 多无人机实时在线航路规划技术

传统的航迹规划方法往往是依据预先确定的代价函数，在规划空间中寻找一条从起始点到目标点的最小代价路径，但是当前无人机飞行环境越来越复杂，不可预测的因素越来越多，必须寻求一种快速的航迹规划算法，为无人机提供一个可飞的有效航迹，使其能够避开动态障碍到达目标完成任务，这要求在规划过程

中任务可变、威胁可变、算法能够根据当前新的环境信息，快速规划出可行航迹（刘利强等，2014）。

多无人机协同航路规划一方面要尽可能降低多无人机执行任务的代价；另一方面要满足多无人机执行任务的协同要求，是一个复杂的优化问题（管祥民和吕人力，2017）。重点在于处理各个无人机之间的协调关系，包括空间协调、时间协调和任务协调等。例如，调整编队各无人机航行速度达到时间协同（航程差异大则不适用）、从若干备选航路中选择满足时空协同要求的航路、构造基本航路基础上适当增加部分无人机的航程（盘旋飞行等）。

3. 多无人机编队飞行控制技术

随着现代控制方法的日益更新，编队飞行的研究也逐渐趋向于与先进的控制方法相结合。控制方法的先进，使科学家们可以将编队飞行中不可知的扰动作为不确定因素放入控制系统中，用鲁棒、自适应等较为先进的控制理论实现在模型不确定情况下的稳定控制。

无人机编队飞行的关键技术包括自适应决策制定、优化和实时路径规划、队形设计、人机交互、信息互换和传递、编队控制、编队重构等。其中编队飞行控制是编队飞行的重点和核心技术。

1）编队队形设计。无人机执行编队飞行任务时，队形的设计和选择是一个重要方面。在设计编队队形时，除了要考虑无人机间气动力影响之外，还要考虑任务要求及无人机间信息交换的冗余度，同时保证编队机动时不至于发生相撞。

2）编队控制。根据特定任务对编队队形的要求，控制编队队形在整个飞行过程中保持在一定的误差范围内（朱战霞和袁建平，2003）。分布式编队的实现需要精确控制参与编队任务无人机间的相对距离和方位，其关键技术包括：对无人机相对（绝对）位置、姿态的测量，并保持一定的敏感度；编队机动、防撞及路径优化；编队飞行控制系统的模型建立；编队和单个无人机之间的自主性，包括高等级的故障检测系统和故障修复系统，提高任务的鲁棒性；多架无人机组成的飞行编队的分散控制器设计和计算方法等。

3）近距离编队时无人机之间的气动影响。近距离编队飞行中，作用在无人机上的力与力矩，必须考虑相互间气动干扰的影响。飞行中的仿真计算，包括气动力数据表，以及可以看作是无人机状态量函数的力和力矩，对于单架无人机可以应用常用的方法计算，但对于多架无人机的近距编队飞行，不能应用同样的方法。

编队无人机之间的相互作用是无人机间相对距离和相对方位的函数，因此必须推导出一种可行的公式，使仿真计算时能够考虑编队无人机间的相互影响。

4）编队重构。当飞行中的机群受到电子干扰或者在战斗中损失时，可以用机群中别的无人机来完成编队重构，从而保持编队队形稳定。编队重构研究的核心就是怎样在飞行中，实时规划机群中无人机的飞行轨迹，使得性能良好的无人机能在飞行中完成对编队队形的重构，保持队形不变或者达到最优队形。

4. 无人机动态自组网技术

多机协同应用的前提是实现无人机群自主测控通信一体化，也就是必须组建具有较强通信能力、信息感知能力和抗毁性强的无人机网络。该网络必然是一个动态性很强的网络，网络的拓扑结构快速变化，不断会有节点加入或离开网络。

无人机自组织网络是移动自组织网络中一种特殊场景下的应用，其基本思想是：多无人机间的通信不完全依赖于地面控制站或卫星等基础通信设施，而是将无人机作为网络节点，各节点间能够相互转发指控指令，交换感知态势、健康情况和情报搜集等数据，自动连接建立起一个无线移动网络。该网络中每个节点兼具收发器和路由器的功能，以多跳的方式把数据转发给更远的节点。与普通的 AD HOC 网络相比，具有传输距离远、移动速度快、拓扑结构变化频繁及断链率高等特点。同时，无人机网络节点还要考虑到节点失效的问题。因此，无人机自组织网络协议栈也产生了比传统网络 AD HOC 协议栈更高的要求：适应移动分布节点随机收发行为的媒体介入控制协议，基于动态拓扑结果的高效、稳健的路由算法，便利的异构网络互联技术，有效的功率控制，合理的跨层信息交互、多层协同设计，可靠的安全机制等（杨杨，2010）。

在技术上，无人机自组织网络有一些核心问题需要解决：首先是高速率移动对信道的影响，即在高速运动的情况下，无线信道会因为多普勒效应产生频移。频移的大小和相对运动速度呈正比。在高速运动的网络中，频移会比较显著，从而增加无线传输的误码率，影响传输效率。同时，节点的移动会带来显著的信号强度涨落，这种现象会对信道稳定性和传输范围造成一定的影响，使原有的计算和估计产生很大的误差（杨杨，2010）。其次是自发现、自动配置、自组织和自愈机制的实现，即网络节点需要适应网络的动态变化，快速检测其他节点的存在和探测其他节点的能力集，网络节点通过分布式算法来协调彼此的行为，无须人工干预和任何其他预置的网络设施，可以在任何时刻任何地方快速展开并自动组网。

总之，对于大规模、组网集群发展的无人机，其临场操控问题将会非常复杂，是未来无人机监管重要的研究方向。

6.7.2　无人机组网遥感观测起源与进展

随着对地观测技术的不断发展，厘米级超高分辨率、小时级甚至近实时响应、高频次重访的空间信息快速获取能力不断提高。无人航空遥感具有机动灵活、数据获取周期短、安全系数高、可以全天时观测等特点，已在各行业中得到广泛应用，但是无人航空遥感存在飞行器单机作业效率低下、缺乏组网协同、载荷平台适应性差、空地之间协同支撑不足等限制条件，制约了面向多种应用需求的无人航空遥感便捷大范围超高分辨率数据获取及其巨大潜力地释放。面对日益繁杂的航空遥感任务和不断提高的航空遥感产品需求，发展快速机动的无人机组网遥感观测已经成为对地观测技术发展的重要新方向。

基于定时定点智能化管理的无人机灯光秀已成最为大众熟悉的无人机组网，表明单个无人机通过组网可以释放出巨大的潜力。"十一五"期间单一无人航空器遥感系统特别是轻小型无人机遥感系统可以发挥的作用在许多领域已经得到应用检验。"十二五"期间多无人机组网测绘也开展了初步试验。面向国家科技研发及重大应用的高效率无人航空器组网遥感观测需要相互通信和任务协同智能计算。"十三五"期间国家安排的科研任务包括，围绕特定的应用区域，有中心自组织移动网覆盖范围内，解决多类别无人航空器高速高带宽蜂群自组网遥感任务协同关键技术、借助 GIS 技术和人工智能技术相结合，无人航空器将具备地理位置超精准定位、周边环境快速识别和智能组网任务协同的遥感能力。特别是无人航空器组网遥感应用技术研究既包括通信协议、通信制式、频谱资源等研究，也包含无人航空器资源综合评价与调度、公共航路规划与构建、组网任务协同等研究。

低空作为无人航空器开发利用最频繁的区空域，通过信息与通信技术（Information and Communications Technology，ICT）技术、GIS 技术和 AI 技术相结合，即将进入数字化低空网络时代。应该说除了专门的局域网，目前商业化运行的地面移动通信网在支持无人航空器发挥高频迅捷机动能力上面还有局限性。随着地面移动基站未来升级到 5G，基站移动信号在低空的覆盖将从目前的离地面 200～300m 拓展到 1000m 左右，同时具备超高带宽和低延迟通信能力。为充分利用 5G 带来的通信能力，产业界已经提出"网联无人机"的概念。卫星通信技术的进一步发展将使无人机在低空移动信号和卫星通信信号之间低成本无缝切换。融合空域技术发展将让无人航空器能够安全和高效地进入中高空空域，极大地拓展无人航空器组网范围。由于无人航空器管理的规范化，法律要求所有无人航空器都需要登记注册和接入一定的云端管控系统并能实时飞行在线，这为无人航空器遥感组网提供了制度保障。未来无人机遥感应用越来越具有大众化的趋势，无人航空器拥有者和使用者量大面广，如何在客观上解决个体之间组网协同和智能化运行，将成为未来无人航空器及其遥感应用研究的重要方向。

6.7.3 无人机区域组网遥感观测重大突破

由中国科学院地理科学与资源研究所牵头、中国科学院电子所、北京航空航天大学、空军研究院、中测新图公司、中国科学院长光所、中电科第 7、38、54 所、北京大学、武汉大学等 21 家单位参加的国家重点研发计划——"高频次迅捷无人航空器区域组网遥感观测技术"进行了关键技术攻关，旨在构建高频次迅捷无人机区域组网遥感观测技术体系（Liao et al.，2018），面向国家重大需求，实现全国土覆盖的"天-小时-分钟"时间尺度的生态环境监测、应急响应、国土区域安全等应急与常态化服务能力，从而为国内无人航空遥感支撑空天一体化组网监测技术发展奠定坚实的基础。

2019 年 7 月 23 日，该项目研发团队在天津市宝坻区无人机验证基地完成了命名为"测试任务 112"的无人机组网遥感的科学试验（图 6-11）（中国经济网，2019）。总共 12 架无人航空器按照预设遥感任务和规划飞行航线开展区域组网和远程组网遥感演示，验证了包括多机组网遥感、多机组网链路和数据通信和态势显示、遥感图像实时局地和云端回传、航空器远程卫星接管、一站多机自主起降、遥感数据迅捷处理和特征现场信息提取等功能。科学技术部组织的专家组现场检查了科学实验，对实验进展和取得的成绩给予高度肯定。

这是国内第一次针对区域遥感任务，开展的十架以上多类别无人机多载荷组网遥感科学实验。

其中，基于云端管控技术与管控系统是研究工作重点之一，如何在复杂应用场景驱动下，规划协同多机观测目标完成任务，涉及空域、民航、敏感地理环境及地理围栏等多安全要素，也涉及资源优化布局、航线合理规划等技术。这些研究工作是对无人机监管技术在实际应用场景下的探索与试验，可为组网规划技术研究和监管技术发展提供借鉴与基础。

图 6-11　临场组网通信系统提供实时无人航空器组网飞行三维态势图

　　未来面向不同场景的量大面广的无人机运行不可能依靠单一的系统管理，将可能在最高层面的监管系统外，各个部门、行业甚至企业内部的无人机运行，将可能是自成体系呈组网状态运行，例如物流行业（企业）自己管理的物流无人机一定是在空间合理分布并组网运行的。因此未来对无人机组网技术和系统的深入研究对于面上无人机管理和监管也有着深远的意义。

　　展望未来，无人机运行监管前沿技术必将不断演绎，不断发展和得到实践与应用。未来云端和局地的界限将被打破，云端和局地高效协同和无缝连接将会取得进一步融合进展。包含其中的跟踪查证、监视识别、预警反制、气象保障等技术也将会不断进步。面对未来天空数量众多的异构多源无人航空器和成百上千场景的应用，本书编写组科研团队将继续在国家和行业的综合管理系统建设关键技术、不同层级的无人机组网运行技术、天空地协同遥感观测技术、无人值守技术、基于高精度地理信息的低空公共航路技术、综合验证场技术和大数据交互技术等方面开展研究。在中国民航局和中国科学院战略合作协议支持下，中国科学院无人机应用与管控研究中心依托国家重点研发计划、中国科学院重点部署项目等支撑，联合中国民用航空局和国内相关优势团队已经开展了一些前瞻性的科研攻关并积极推动产业转化。这些工作必将为进一步激活和释放无人驾驶航空科研创新和产业巨大的市场潜力作出贡献，为我国和国际上低空空域资源开发、无人航空器安全和高效运行提供科技支撑和技术保障，对低空经济的兴起和发展起到引领和支撑作用。

参 考 文 献

白龙, 路紫, 杜欣儒, 等. 2016. 城市区域(超)低空空域无人机活动通道划设规则与方法. 地球科学进展, 31(11): 1197~1204.

柏艺琴, 陈新锋, 原军锋. 2019. 基于大数据的无人机云交换平台统计分析技术研究. 地球信息科学学报, 21(4): 560~569.

陈平, 严勇杰, 严宏, 等. 2019. 通用航空低空空域运行空管保障. 北京: 航空工业出版社.

陈婷, 杨泓, 李亚玲, 等. 2018. 气象要素对多旋翼无人机飞行的影响. 中国设备工程, (1): 170.

陈志杰. 2010. 空域管理理论与方法. 北京: 科学出版社.

程承旗, 任伏虎, 濮国梁, 等. 2012. 空间信息剖分组织导论. 北京: 科学出版社.

程承旗, 童晓冲, 陈波, 等. 2015. 关于建立我国环境大数据网格组织标准的若干思路. 中国环境管理, 7(6): 31~37.

大翼航空(Air DWing). 2019. https://www.airdwing.com/.

段海滨, 李沛. 2017. 基于生物群集行为的无人机集群控制. 科技导报, 35(7): 19~27.

樊邦奎. 2017. 六大方向, 知悉无人机的未来. 机器人产业, (1): 59-64.

樊邦奎, 段连飞, 赵炳爱. 2019. 无人机侦察目标定位技术. 北京: 国防工业出版社.

范勇, 李为民. 2003. 无人机对未来防空作战的影响及对策研究. 现代防御技术, 31(5): 8~11.

飞云飞行服务系统(Flying-Cloud). 2019. https://www.aero-cloud.cn/. 2020-03-09.

冯登超. 2017. 面向低空安全三维数字化空中走廊体系的飞行器交通管理平台构建. 计算机测量与控制, 25(12): 137~140.

冯登超, 秦焕禹, 曾湧, 等. 2015. 基于3S技术的低空空域告警航图可视化匹配设计初探. 国外电子测量技术, 34(6): 50~53.

冯登超, 秦焕禹, 曾湧, 等. 2018. 基于三维可视化空中走廊体系的城市低空空域航图绘制研究. 电子测量与仪器学报, 32(4): 58~64.

付其喜, 梁晓龙, 张佳强, 等. 2019. 无人机低空交通管理系统综述. 飞行力学, 37(2): 1~6.

管祥民, 吕人力. 2017. 基于协同进化的复杂低空下多飞行器协同航迹规划方法. 南京航空航天大学学报, 49(S1): 89-95.

郭庆华, 刘瑾, 李玉美, 等. 2016. 生物多样性近地面遥感监测: 应用现状与前景展望. 生物多样性, 24(11): 1249~1266.

韩海东, 程承旗, 王燕, 等. 2014. 基于全球剖分网格的多源数据快速汇集方法研究. 地理信息世界, 21(6): 6~11.

韩松臣, 张明, 黄卫芳. 2003. 管制扇区优化划分的方法及计算机实现技术. 交通运输工程学报, 3(1): 101~104.

环球网. 2019. 日本乐天将与京东集团在无人机送货领域展开合作. http://tech.huanqiu.com/aerospace/2019-02/14376818.html?agt=56.

黄冠. 2015. 低空风切变的形成过程以及影响飞行安全的因素. 科技展望, 25(15): 150.

极飞科技. 2019. 极飞天目避障系统性能介绍及使用说明. https://www.xag.cn/news/official/xai/ 327. 2020-03-09.

金安, 程承旗. 2013. 基于全球剖分网格的空间数据编码方法. 测绘科学技术学报, 30(3): 284~287.

李德仁. 2012. 论空天地一体化对地观测网络. 地球信息科学学报, 14(4): 419~425.

李桂毅, 隋东. 2010. 航空发达国家的空域分类及其对我国的启示. 中国民用航空, 114(6): 21~23.

李奇. 2015. 基于中继卫星的无人飞行器组网体制研究. 无线电工程, 45(4): 1~4.

廖小罕. 2018. 以基础设施建设方式推进低空公共航路建设. 中国无人系统产业联盟. https://www.wuasc.com/page199?article_id=165. 2020-03-09.

廖小罕. 2019. "无人机遥感与组网"专辑导言. 地球信息科学学报, 4(21): 475.

廖小罕, 徐晨晨, 岳焕印, 等. 2018. 基于地理信息的无人机低空公共航路规划研究. 无人机, (2): 45~49.

廖小罕, 周成虎. 2016. 轻小型无人机遥感发展报告. 北京: 科学出版社.

廖小罕, 周成虎, 苏奋振, 等. 2016. 无人机遥感众创时代. 地球信息科学学报, 18(11): 1439~ 1447.

林林. 2013. 基于协同机制的多无人机任务规划研究. 北京: 北京邮电大学博士学位论文.

刘利强, 李刚, 赵云新. 2014. 无人智能运载器航路规划方法及其应用. 北京: 科学出版社.

卢海英. 2018. 我国加快无人机身份识别领域标准化工作. 信息技术与标准化, (6): 17.

陆锋, 张恒才. 2014. 大数据与广义 GIS. 武汉大学学报(信息科学版), 39(6): 645-654.

鹿明, 廖小罕, 岳焕印, 等. 2019. 面向全国洪涝灾害应急监测的无人机空港布局. 地球信息科学学报, 21(6): 854~864.

路紫, 李志勇, 张秋娈, 等. 2016. 空域学概论. 北京: 高等教育出版社.

罗斌, 黄宇超, 周昊, 等. 2017. 国外反无人机系统发展现状综述. 飞航导弹, (9): 24~28.

吕人力. 2009. 建立开放格局的国家空中交通管理体系. 中国民用航空, (1): 33-35.

马学成. 1999. 超低空飞行的特点及安全飞行重点. 山东农机化, (10): 10~11.

民用无人机检验中心. 2019. 2018 年无人机云数据统计报告. https://mp.weixin.qq.com/s/ xz9MKLHF_LChqWdvlKTiiQ. 2020-03-09.

千寻位置(Qianxun S I). 2019. https://www.qxwz.com/. 2020-03-09.

全权, 李刚, 柏艺琴, 等. 2019. 低空无人机交通管理概览与建议. 航空学报, http://kns.cnki.net/ kcms/detail/11.1929.V.20191101.1037.008.html. 2020-03-09.

人民网. 2012. 我国敲定开放低空领域, 低空开放催生万亿市场. http://finance.people.com.cn/n/ 2012/1114/c1004-19574431.html. 2020-03-09.

人民网. 2019. 顺丰大型物流无人机川南运行基地落地自贡. http://sc.people.com.cn/n2/2019/ 0226/c345167-32680773.html. 2020-03-09.

石红梅, 谭晃. 2016. 国外无人机监管及反制技术最新发展概况. 中国安防, (4): 100~105.

搜狐. 2019. 中国无人机物流航线网络规划研讨会初次在杭举行. http://www.sohu.com/a/33460-2045_175233. 2020-03-09.

搜狐科技. 2019. 中国移动携手迅蚁联合成立"5G 无人机物流应用创新实验室". http://www.sohu.com/a/290349883_100206765. 2020-03-09.

天宇经纬(北京)科技有限公司(TY.IW). 2019. http://www.tianyujingwei.com/. 2020-03-09.

拓攻机器人有限公司. 2019. 拓攻机器人有限公司主页. http://www.topxgun.com/.

王克. 2017. 浅谈对无人机的干扰与反制. 中国无线电, (11): 64~65.

王莉莉, 张潇潇. 2015. 航路交叉点容量及航路容量模型研究. 中国民航大学学报, 33(5): 7~10.

无人机网. 2018. 拓攻机器人成为无人机行业首家通过电子围栏验证企业. http://www.sohu.com/a/280466953_797515. 2020-03-09.

无忧云大数据(5U-Cloud). 2019. http://www.5u-cloud.com/. 2020-03-09.

吴红军, 行鸿彦, 张金玉, 等. 2018. 低空飞行安全气象保障技术. 电子测量技术, 41(9): 10~15.

吴立新, 史文中. 2003. Christopher G. M. 3D GIS 与 3D GMS 中的空间构模技术. 地理与地理信息科学, 19(1): 5~11.

吴立新, 殷倩, 蔡振峰, 等. 2007. QuaPA 方法的改进与实验. 地理与地理信息科学, 23(2): 8~11.

吴立新, 余接情. 2009. 基于球体退化八叉树的全球三维格网与变形特征. 地理与地理信息科学, 25(1): 1~4.

项悦, 徐庆彬, 李震, 等. 2018. 城市无人机交通管理研究——以新加坡为例. 科技传播, 10(19): 170~171.

谢春生, 郭莉, 张洪, 等. 2016. 低空空域管理与通用航空空域规划. 北京: 航空工业出版社.

徐晨晨, 廖小罕, 岳焕印, 等. 2019. 基于改进蚁群算法的无人机低空公共航路构建方法. 地球信息科学学报, 21(4): 570~579.

徐晨晨, 叶虎平, 岳焕印, 等. 2020. 城镇化区域无人机低空航路网迭代构建研究——理论体系与技术路径. 地理学报, 75(5): 917~930.

杨肖宁. 2018. 低空空域网格态势图模型研究. 北京: 北京大学硕士学位论文.

杨肖宁, 程承旗, 陈波, 等. 2018. 基于邻接节点聚合的多层级 MQA-A*路径规划算法. 地理信息世界, 1(25): 71~76, 94.

杨杨. 2010. 高速高动态环境下自组网络的研究. 上海: 上海交通大学硕士学位论文.

杨宇博, 王晶, 程承旗, 等. 2014. 一种基于剖分格网的新型导航定位服务方法. 测绘通报, (1): 1~4.

亿航. 2019. 亿航获无人机电子围栏检验认证, 无人机系统安全达国际领先水平. http://www.ehang.com/cn/news/546.html. 2020-03-09.

优凯飞行(U-care). 2019. U-care 系统. http://www.u-care.net.cn/. 2020-03-09.

优云(U-cloud). 2019. U-cloud 系统. https://www.u-cloud.cn/. 2020-03-09.

雨果网. 2017. 亚马逊获无人机配送专利计划完善空中配送. https://www.cifnews.com/article/26480. 2020-03-09.

翟卫欣, 程承旗, 童晓冲, 等. 2016. 利用地球立体剖分格网生成 Subdivision R-树索引模型. 武汉大学学报: 信息科学版, 41(4): 443~449.

张建平, 任家龙, 陈晓, 等. 2017a. 基于多属性分类的民用无人机空中交通管理模式. 航空计算技术, 47(5): 6~13.

张建平, 任家龙, 李震, 等. 2017b. 基于 ASBU 的遥控驾驶航空器系统解读. 航空计算技术, 47(3): 130~134.

张军. 2005. 现代空中交通管理. 北京: 北京航空航天大学出版社.

张晓伟. 2010. 基于 MICAPS 平台的风切变的识别与应用. 武汉: 武汉理工大学硕士学位论文.

赵晋玉. 2019. 无人机实名登记发展之路. 中国民航报, 2019-01-23(004).

中斗科技. 2019. 北斗云系统. https://www.ccompass.com.cn/ddjkfw/index.jhtml. 2020-03-09.

中国改革网. 2019. 樊邦奎: 后信息时代无人机发展. http://www.chinareform.net/index.php?m= content&c= index&a=show&catid=99&id=29816.

中国经济网. 2019. 我国首次完成十架以上无人航空器区域组网遥感试验. http://www.ce.cn/uav/ uavnews/201907/22/t20190722_32684585.shtml. 2020-03-09.

中国科学院地理科学与资源研究所. 2019. 中国科学院"中科天网"无人机综合管理云系统正式获得中国民用航空局批准运行. http://www.igsnrr.cas.cn/xwzx/zhxw/201904/t20190417_527-6493. html. 2020-03-09.

中国民用航空局. 2013. 民用机场飞行区技术标准(中华人民共和国民用航空行业标准 MH 5001-2013). 33~39.

中国民用航空局. 2017. 无人机围栏(中华人民共和国民用航空行业标准 MH/T2008-2017). 3~4.

中国民用航空局. 2019a. 促进民用无人驾驶航空发展的指导意见(征求意见稿). http://www. caac.gov.cn/HDJL/YJZJ/201905/t20190514_196175. html. 2020-03-09.

中国民用航空局. 2019b. AC-92-2019-01, 特定类无人机试运行管理规程(暂行). 北京: 中国民用航空局飞行标准司, 中国民用航空局适航审定司局, 中国民用航空局空管行业管理办公室.

中国民用航空局飞行标准司. 2015. 轻小无人机运行规定(试行)(AC-91-FS-2015-31). http:// www.caac.gov.cn/XXGK/XXGK/GFXWJ/201601/t20160113-26519. html. 2020-03-09.

中国新闻网. 2017. 四川发生 37 起无人机扰航案, 专家: 建低空三维路网图. http://www.sohu. com/a/195245452_123753. 2020-03-09.

周玉科, 周成虎, 马廷, 等. 2012. 数字地图要素样式结构化存储表达研究与实现. 地理与地理信息科学, 3(28): 7-10.

朱大为. 2011. 侧向偏置在区域管制中的应用. 空中交通管理, (11): 11~12.

朱战霞, 袁建平. 2003. 无人机编队飞行问题初探. 飞行力学, 21(2): 5~7.

Alex F. 2018. Drones are everywhere. Get used to it. Time, 22(191): 24-25.

Atkins E M. 2014. Autonomy as an enabler of economically-viable, beyond-line-of-sight, low-altitude UAS applications with acceptable risk. AUVSI Unmanned Systems. Orlando, U.S.1~12.

Ballard S, Hipp J R, Young C J. 2009. Efficient and accurate calculation of ray theory seismic travel time through variable resolution 3D earth models. Seismological Research Letters, 80(6): 990~1000.

European Union Aviation Safety Agency(EASA). 2015. Description of UAV operation rules framework.

FAA. 2018. Integration of Civil Unmanned Aircraft Systems in the National Airspace System

无人机运行监管技术发展与应用

Roadmap.

Feng D, Yuan X. 2016. Digital terrain model extraction in SUAS clearance survey using LiDAR data. Beijing: Geoscience and Remote Sensing Symposium (IGARSS). 791~794.

Fisher I, Miller O M. 1944. World Maps and Globes. New York: Essential Books.

Honkavaara E, Peltoniemi J, Ahokas E, et al. 2008. A permanent test field for digital photogrammetric systems. Photogrammetric Engineering & Remote Sensing, 74(1): 95~106.

ICAO. 2015. Manual on remotely piloted aircraft systems (RPAS). https://standards.globalspec.com/std/9903984/ICAO%2010019.2020-03-09.

ICAO. 2018. Airports. Annex 14 to the international civil aviation convention (Annex 14). 1~6.

ICAO. 2019. UTM-A common framework with core boundaries for global harmonization. https://www.icao.int/safety/UA/Documents/UTM-Framework%20Edition%202.pdf. 2020-03-09.

IEEE. 2019a. P1939.1 Standard for a framework for structuring low altitude airspace for Unmanned Aerial Vehicle (UAV). https://sagroups.ieee.org/1939-1/2020-03-09.

IEEE. 2019b. P1936.1 Standard for Drone Applications Framework. https://sagroups.ieee.org/1936-1/2020-03-09.

IEEE. 2019c. P1937.1 Standard interface requirements and performance characteristics for payload devices in drones. https://sagroups.ieee.org/1937-1/2020-03-09.

IMT-2020(5G)推进组. 2018. 5G 无人机应用白皮书. 中国信息通信研究院. http://www.caict.ac.cn/kxyj/qwfb/bps/201809/t20180928_186178.htm.

Lei K, Zhong S, Zhu F, et al. 2018. An NDN IoT content distribution model with network coding enhanced forwarding strategy for 5G. IEEE Transactions on Industrial Informatics, 14(6): 2725~2735.

Liao X H, et al. 2018. UAVs surpassing satellites and aircraft in remote sensing over China. International Journal of Remote Sensing, 39(21): 7138-7153.

Liu R, Yu P L. 2012. The design and simulation of low-cost and super-applicability flight control system of super-size UAV. Advanced Materials Research, 466-467: 1156~1161.

Otto A, Agatz N, Campbell J, et al. 2018. Optimization approaches for civil applications of unmanned aerial vehicles (UAVs) or aerial drones: A survey. Networks, 72(4): 411~458.

Pulver A, Wei R. 2018. Optimizing the spatial location of medical drones. Applied Geography, 90: 9~16.

Pulver A, Wei R, Mann C. 2016. Locating AED enabled medical drones to enhance cardiac arrest response times. Prehospital Emergency Care, 20(3): 378~389.

Sahr K, White D, Kimerling A J. 2003. Geodesic discrete global grid system. Cartography and Geographic Information Science, 30(2): 121~134.

Salleh M F B M, Chi W, Wang Z, et al. 2018. Preliminary concept of adaptive urban airspace management for unmanned aircraft operations.AIAA Information Systems-AIAA Infotech. Kissimmee, Florida. DOI: 10.2514/6.2018-2260.

Shavarani S M, Nejad M G, Rismanchian F, et al. 2018. Application of hierarchical facility location problem for optimization of a drone delivery system: A case study of Amazon prime air in the city of San Francisco. The International Journal of Advanced Manufacturing Technology, 95(9-12): 3141~3153.

Stadler G, Gurnis M, Burstedde C, et al. 2010. The dynamics of plate tectonics and mantle flow: From local to global scales. Science, 329(5995): 1033~1038.

Stemmer K, Harder H, Hansen U. 2006. A new method to simulate convection with strongly temperature and pressure-dependent viscosity in a spherical shell: Applications to the Earth's mantle. Physics of the Earth and Planetary Interiors, 157(3-4): 223~249.

Xu C C, Liao X H, Tian J M, et al. 2020. Recent research progress of unmanned aerial vehicles regulation policies and technologies in urban low altitude. IEEE Access, 8:74175~74194.

Yuan X, Feng D, Zejun Z. 2018.Automatic construction of aerial corridor from discrete LiDAR point cloud. In: Hassanien A, Elhoseny M, Kacprzyk J. Quantum Computing: An Environment for Intelligent Large-Scale Real Application. Springer, Cham., 33: 449~465.

缩略词汇表

英文缩写	英文全称	中文全称
ABSAA	Airborne Sense and Avoid	机载感知避让
AI	Artificial Intelligence	人工智能
ANSP	Air Navigation Service Provider	空中导航服务提供商
ASBU	Aviation System Block Upgrade	航行系统组块升级
BFR	Basic Flight Rules	基本飞行规则
BIPM	Bureau International des Poids et Mesures	国际计量局
C2	Command and Control	指令和控制
CAD	Computer Aided Design	计算机辅助设计系统
CCAA	China Civil Airports Association	中国民用机场协会
CFR	Code of Federal Regulation	美国联邦法规
COA	Certificate of Waiver or Authorization	豁免或授权证明书
D2D	Device-to-Device	
DAA	Detect and Avoid	探测与避让
DIM	Drone Identity Module	无人机识别模块
DOF	Degree of Freedom	自由度
DREAMS	DRone European AIM Study	
EASA	European Aviation Safety Agency	欧洲航空安全局
EUROCONTROL	European Organization for the Safety of Air Navigation	欧洲航行安全组织
FAA	Federal Aviation Administration	美国联邦航空管理局
FIMS	Flight Information Management System	空域批准和远程识别预定服务的飞行信息管理系统
GeoSOT	Geo Graphical Coordinates Subdividing Grid with one Dimension Integral Coding on 2^n Tree	
GIS	Geographic Information System	
GNSS	Global Navigation Satellite System	全球导航卫星系统
IAT	International Atomic Time	原子时
ICAO	International Civil Aviation Organization	国际民航组织
ICAO-RPASP	International Civil Aircrafts Organization Remote Piloted Aircrafts Panel	国际民航组织遥控驾驶航空器系统专家组
ICT	Information and Communications Technology	信息与通信技术
IEEE	Institute of Electrical and Electronics Engineers	电气与电子工程师协会
IERS	International Earth Rotation and Reference Systems Service	国际地球自转及参照系服务
IFR	Instrument Flight Rules	仪表飞行规则

英文缩写	英文全称	中文全称
ISO/IEC	International. Standardization. Organization/International Electrotechnical Commission	国际标准组织/国际电工委员会
JARUS	Joint Authority on Rulemaking of Unmanned System	无人系统规则制定联合体
JU	Joint Undertaking	联合执行体
LAANC	Low Altitude Authorization and Notification Capability	低空授权和通知协调能力系统
MEC	Moving Edge Calculation	移动边缘计算
MFR	Management Flight Rules	管理飞行规则
MIMO	Multiple Input Multiple Output	多天线技术
NAS	National Airspace System	国家空域系统
NASA	National Aeronautics and Space Administration	美国国家航空航天局
OFDM	Orthogonal Frequency Division Multiplexing	正交频分复用技术
QE	Qualified Entity	审定机构
QoS	Quality of Service	服务质量
RDD	Resilient Distributed Datasets	弹性分布式数据集
REST	Representational State Transfer	表述性状态转移
RPAS	Remotely Piloted Aircraft System	遥控驾驶航空器系统
RPASP	Remotely Piloted Aircraft Systems Panel	遥控驾驶航空器系统模组
RTCA	Radio Technical Commission for Aeronautics	美国航空无线电委员会
SESAR	the single European sky ATM research	欧洲单一天空计划
SORA	Specific Operation Risk Assessment	特定运行风险评估
UNICEF	United Nations International Children's Emergency Fund	联合国儿童基金会
UOM	Unmanned Aircraft System Operation Management	民用无人机管理系统
UPP	UTM Pilot Program	动态限制和信息共享的 UTM 试点计划
USS	UAV Service System	无人机运行服务系统
UT	Universal Time	世界时
UTC	Universal Time Coordinated	协调世界时
UTMISS	UAS Traffic Management Information Service System	无人驾驶航空器空中交通管理信息服务系统
UTM-UAS	Urban Traffic Management of Unmanned Aircraft System	
V2V	Vehicle-to-Vehicle	机间通信
VFR	Visual Flight Rules	目视飞行规则
VLL	Very Low Level	超低空